당신 안에
숨어 있는
꿈과 용기가
깨어나기를

여행을

에세이
하다

여행을

에세이
하다

전윤탁

알비

Where is my dream

언제부터 시작된 것인지 모르겠지만 모든 게 다 지겨웠다. 즐거운 일들로 가득할 줄 알았던 캠퍼스 생활, 유일한 탈출구와 같았던 친구들과의 만남 모두 날이 갈수록 흥미를 잃고 지루한 일상이 되었다. 무의미하게 반복되는 일상에 찌들어 살다 보니, 언제부턴가 나는 목표 없는 삶 속에 빠져있었고, 그로 인해 무기력한 사람이 되어가고 있었다. 꽃다운 내 청춘은 색이 빠져나가고 어두운 잿빛만이 빈자리를 메워갈 뿐이었다. 내겐 변화가 필요했다. 지금처럼 답답하고 한심한 삶을 살아가고 있는 나를 바꿔줄 확실한 무언가가.

어느 날 교양수업 시간, 교수님은 뭔가를 나누어주면서 강한 어조로 이야기하셨다.
"지금 나눠준 종이 위에 자신이 이루고픈 꿈을 적고 이야기하는 시간을 가져보도록 하자."

말이 끝나기가 무섭게 사각대는 볼펜 소리가 강의실 안에 가득 울려 퍼지기 시작했다. 다들 어떤 꿈을 갖고 있길래 저렇게 열정적으로 볼펜 질에 몰두하는 건지, 입을 벌리고 감탄하면서 내 꿈을 적는 것에 집중하기 시작했다.

열심히 꿈을 적고 있는 친구들과 달리, 나는 멍하니 흰 종이를 바라보기만 할 뿐, 아무것도 적지 못했다. 애초에 하얀 종이 위에 써 내려 갈 내 꿈은 단 하나도 존재하지 않았다. 누구나 하나씩은 갖고 있다는 평범한 꿈, 심지어 형식적으로 지어낼 만한 거짓된 꿈마저도 내겐 존재하지 않았다.

아름다운 시절이라 표현되는 20대 나이에 꿈이 없다니, 이것이 현재의 나였다. 그날의 짧았던 수업은 잊고 있던 '꿈'이란 것을 상기시켜주었고, 그동안 정체되어 있던 내 몸과 마음에 활기를 불어 넣어줬다.

그 날 이후, 내 꿈에 대해 생각해봤다. 애초에 없던 꿈을 만들어내기란 여간 어려운 일이 아니었다. 한참 동안 머리를 싸매며 끙끙거리고 있었는데, 문득 한 가지 생각이 머릿속을 빠르게 스쳐 지나갔다.

'그렇다면 내가 정말 좋아하는 일을 해보는 게 어떨까?'

내가 정말 좋아하고 원하는 일을 후회 없이 하다 보면, 그 속에서 분명 나도 모르고 있던 내 꿈에 한 발짝 더 가까워질 수 있다는 생각이 들었다. 가장 하고 싶은 일을 떠올린 결과, 나는 딱 하나의 결론에 도달할 수 있었다. 바로 '여행'이었다.

현재의 꽉 막힌 나를 바꿔줄 만한, 잿빛 가득한 마음에 다시 화려한 색을 입혀줄 만한 건 여행만 한 것이 없다고 판단했다.

까마득한 어린 시절을 되돌아보면, 학창시절 줄곧 혼자서 여러 도시를 여행하며 소중한 추억을 쌓아갔고, TV를 통해 확인했던 수많은 세상을 바라보면서 걸리버 여행기 같은 장대한 꿈을 키우기도 했었다. 하지만 대부분 사람이 그러하듯, 나 역시도 성장에 성장이 거듭되고 주위의 기대와 압박이 커지는 바람에 어쩔 수 없이 펜과 책을 달고 사는 기계가 될 수밖에 없었다.

내 삶인데, 오로지 내가 가꾸고 만들어가야 할 내 인생인데, 언제부턴가 내 의지완 전혀 상관없이 누군가의 실타래에 걸려 움직이는 꼭두각시가 되어버리고 만 것이다.

결과가 나온 시점부터 더는 망설이지 않았다. 망설임을 과감하게 버리고 나니 행동으로 실천할 용기를 얻게 되었다. 학기가 끝나자마자 주변 사람들에게 통보하듯이 말하고 나서 휴학신청부터 했다. 여행경비를 마련하기 위한 아르바이트도 곧장 시작했다. 편의점부터 시작해서 수영장 청소, 서빙알바, 극한 직업으로 정평 나 있는 공장 일까지 마다치 않고 열심히 일하며 차곡차곡 돈을 모았다.

과정은 매 순간이 고난의 연속이었지만, 온 세상에 발자국을 남기는 미래의 내 모습을 상상하면 어느새 힘들다는 생각은 싹 사라졌다. 얼굴에 범벅된 땀을 닦아내면 해맑은 미소만이 한가득 남아있었다.

여행만을 바라보며 반년이란 시간을 열심히 달려오니 어느덧 내여행통장에는 제법 많은 돈이 쌓여있었고, 여행에 대한 구체적인계획도 막바지 단계에 이르렀다.

화사한 봄꽃이 만개한 4월의 어느 날. 나는 단 하나의 질문을 품에안은 채, 낯선 세상의 문턱 너머로 첫발을 내디뎠다.

'Where is my dream?'

이때만 해도 전혀 알지 못했다. 그저 꿈을 찾기 위해 시작한 여행이 내 인생을 바꾸게 될 줄을 말이다.

★

Contents

Chapter 01

'설렘'

★

꿈을 이룬 순간은
'언젠가'가 '오늘'이 되는
바로 그 순간이다

★

떠날 수 있는 용기

여행은 용기의 문제라 그랬다. 경제적인 여유가 없어도, 시간적인 여유가 부족해도 떠날 수 있는 용기만 갖고 있다면, 지금 당장 여행을 시작할 수 있다고 그랬다. '떠날 수 있는 용기'만 있다면 말이다.

정말 웃긴 건 조건과 제약이 많아 큰 숙제처럼 여겨지던 '떠난다는 것'이 막상 그 순간이 되면 모든 조건과 제약이 순식간에 사라져버린다는 것이다. '떠난다는 것'은 안개로 뒤덮인 세상을 보는 일과 비슷하다. 뿌연 안개로 가려진 세상이 보이지 않아 두려운 마음에 쉽게 다가갈 수 없지만, 큰맘 먹고 손을 뻗어 앞을 향해 나아가다 보면 결국 아무것도 아닌 쉬운 존재였다는 사실을 스스로 깨닫게 된다. 말 그대로 정말 아무것도 아니었다.

정말 아무것도 아닌 '떠난다는 것'에 용기 하나를 못 내서 두려워하고, 미래에 대해 걱정했으며, 스스로가 만들어낸 답답한 틀에 갇혀 살고 있었다. 여행이 주는 모든 걸 포기한 채 말이다.

더는 떠난다는 것을 선택받은 사람들만이 가질 수 있는 특권이나 대단한 존재로 바라보지 않을 것이다. 누구든 언제나 떠날 용기를 갖춘 사람들이니까. 걱정은 이쯤에서 그만하고.

새로운 세상

끝을 가늠할 수 없는 광활한 하늘,
파란 세상 위를 항해하는 커다란 비행기,
창밖에 놓여있는 포근한 구름 떼를 바라보며
그 밑에 가려진 아름다운 풍경들을 맘껏 상상해본다.
잠을 청하려 누운 의자에서
여태껏 단 한 번도 본 적 없는
새로운 세상이 눈 앞에 펼쳐질 거란 생각을 하며
뜬눈으로 반나절을 흘려보냈다.

꿈은 아니지

빅벤 앞에 도착한 순간,
다짜고짜 옆에서 사진 촬영을 하고 있던
아저씨를 붙잡고 물었다.

"혹시, 제가 지금 꿈을 꾸고 있는 건 아니죠?"

여행을 에세이하다

여행자의 예의

트래펄가 광장 안에 위치한 쉑쉑버거 매장.
치즈버거 2개를 주문하며
손가락으로 두 개를 뜻하는
'V' 제스처를 만들어 직원에게 보여줬다.
그런데 바로 그 순간,
직원의 표정이 살짝 일그러진 게 보였다.
알고 보니 손등 'V' 사인은 영국에서
가장 심한 욕 중에 하나라고 한다.

무지(無知) 상태로 여행하는 것이
나쁘다고 단정 지어 말할 순 없겠지만,
적어도 그 나라의 기본적인 상식만큼은
미리 알아놓고 가는 것이
여행자가 준비하는
최소한의 예의가 될 수도 있다.

We are the champion

Fullham broadway역은 파랑색유니폼을 입은 첼시 팬들로 들끓어 당장에라도 폭발할 것만 같았다. 곳곳에선 파란색 물결이 요동치고 있었다. 스탬포드 브릿지에 가까워질수록 함성은 더욱더 크게 들려왔고, 내 광대는 과하다 싶을 정도로 높게 승천하고 있었다. 가사도 모르는 응원가를 흥얼거리며 근처 상가에 들려 첼시 느낌이 물씬 풍기는 파란색머플러도 하나 샀다. 머플러까지 걸치고서야 축구를 즐길 팬의 자세를 모두 갖춘 것 같았다.

드디어 스탬포드 브릿지에 입성했다. 앞에서 빛을 뿜어대는 작은 문 하나가 내 눈에 들어왔다. 호들갑을 떨며 재빨리 문을 향해 달려갔고 마침내 문에 다다른 순간, 탁 트인 시야 사이로 믿을 수 없는 광경이 눈앞에 펼쳐졌다. 관중석은 파란색 유니폼으로 새파랗게 물들어 하늘과 전혀 분간되지 않았고, 역에서부터 지겹게 들려오던 응원가가 이곳의 공기를 뒤덮은 채 웅장한 소리로 가득 울려 퍼지고 있었다.

5년 만에 우승 재탈환을 노리는 '첼시'와 강등을 피하고자 필사적으로 경기에 임하는 '크리스털 펠리스'의 뺏고 뺏는 치열한 공방전이 계속됐다. 상대 선수가 반칙이라도 범할 경우 야유소리는 그 선수에게 내리꽂혔고, 공이 골대에 맞거나 빗나가는 순간에는 모든 관중이 벌떡 일어나 목에 힘줄을 세우며 탄성을 질러댔다. 각자 이루고픈 목표가 간절해서인지 서로의 골문을 열기란 쉽지 않아 보였다.

첼시는 5년간의 긴 기다림 끝에 자신의 홈구장에서 우승을 확정 지었다. 그 순간 사람들은 펄쩍펄쩍 뛰며 맥주를 쏟기도 하고, 서로를 얼싸안으며

눈물을 흘리기도 했다. 몇몇 사람들은 몰래 가지고 들어온 샴페인을 터트리며 기쁨을 아주 격렬하게 표현했다. 물론, 나 또한 예외는 아니었다. 가장 좋아하는 축구팀의 경기도 봤고, 심지어 그 팀의 우승 현장에 존재했다는 사실에 결국 미친 듯이 흥분하고야 말았다.

생전 처음 보는 사람들과 함께 어깨동무 하며 뜨거운 감정을 공유했고, 소리를 지른 바람에 목은 쇳소리가 날 정도로 심하게 망가졌다. 때마침 어디에선가 지금 상황에 딱 어울리는 노래 '위 아더 챔피언'이 울려 퍼지며 모두에게 합창을 요구했다. 그와 동시에 하늘에선 형형색색의 꽃가루가 떨어지며 평생 잊지 못할 장면들을 연출하고 있었다.

바깥 상황도 안과 마찬가지로 열광의 도가니였다. 시선을 어디로 돌리든 간에 방방 뛰어다니는 사람들을 쉽게 목격할 수 있었고, 맥주 냄새로 가득한 거리 위에선 말을 탄 경찰들과 네 명씩 짝을 이룬 사람들이 치열한 눈치 싸움을 벌어지고 있었다. 건너편 카페 앞에 있는 전봇대 위에서는 훌리건 한 명이 깃발을 흔드는 아찔한 행동으로 우승을 자축하고 있다.

뜨거운 열기로 인하여 런던의 차가운 공기는 점점 미지근하게 변해갔다. 이 순간을 영원히 간직하고 싶어 카메라를 꺼내 들었다. 전원이 켜지자마자 주위에 있는 사람들이 내게로 모여들어 이 순간을 함께하자고 말한다. 하나, 둘, 셋. 찰칵! 그렇게 평생 간직하고픈 추억 하나, 그리고 또 하나의 자랑거리가 생겼다.
2014 - 2015 Winner Chelsea,
We are the champion.

정말 이렇게나 쉬운 일

폭우가 쏟아지던 6월의 어느 날. 늘 가던 포장마차에서 친구와 소주 한잔을 걸치고 있었다. 그날따라 유난히 달콤했던 과일 화채가 더 많은 알코올을 유도했고, 그러한 분위기에 휩쓸린 친구와 난 아주 빠른 속도로 잔을 비워나가기 시작했다. 테이블 위에 녹색 병이 세 병 정도 쌓일 무렵, 내 머리는 갈피를 못 잡은 채 흐느적거리기 시작했고, 정신은 몸에서 유체이탈이라도 하는 것처럼 점점 더 혼미해져 갔다. 그렇게 한참을 꾸벅대고 있었는데, 갑자기 친구가 반쯤 풀린 눈으로 이 말을 꺼내 들며 내 주위를 맴돌던 취기를 싹 가시게 하였다.
"네가 간다는 유럽여행 나도 같이 가면 안 되냐?"

공장일 특성상 지겹게 반복되는 단순노동, 불규칙한 주야간 근무로 인해 완전히 깨져버린 바이오리듬. 유럽여행을 위해 내가 감수해야 할 부분들은 만만치 않은 것들로 넘쳐났다. 포기하고 싶다는 생각을 수없이 하곤 했지만, 그때마다 유럽이라는 대륙 위에 서 있을 나의 모습을 상상하면서 웃는 얼굴로 하루를 버텨나갈 수 있었다. 아마 이 날이었을 것이다. 친구에게서 여행을 함께 할 수 없다는 통보를 받은 날이. 누구보다 기대했던 둘만의 여행이었기에 저 말을 듣는 순간 멍해지며 아무 생각도 나지 않았다.
어떻게 보면 그렇게까지 싸울 일은 아닌데, 우리는 사소한 문제를 물고 늘어지며 다투기 시작했고, 10년의 우정이라는 말이 무색할 정도로 걷잡을 수 없이 멀어져갔다. 솔직히 그 날 이후로 화해하고 싶다는 생각을 하루에 수십 번 이상은 해본 것 같지만, 그놈의 자존심이 뭔지, 먼저 사과하는 것만큼은 절대 허락하지 않았다. 지금 생각해보면 정말 후회스러운 행동이었는데 말이다.

스탬포드 브릿지의 열기를 그대로 안고 돌아온 그 날. 무슨 이유에서인지 모르겠지만, 이곳에 다녀온 이후로 계속해서 친구의 얼굴이 떠올랐다. 아무래도 친구와 함께 오기로 약속했던 곳에 나 홀로 오게 되니, 내 마음 한편에 있는 친구에 대해 미안한 마음이 어쩔 수가 없었나 보다. 내 마음속 어딘가에 그동안 친구에 대한 그리움이 있었나 보다.

그때부터 친구와 반년 동안 쌓인 앙금들을 하나씩 풀어나가기 시작했다. 역시나, 오랜 시간이 지났다 해도 너는 여전히 내 소중한 '친구'였다. 장난기 무장한 언변으로 유쾌한 웃음을 선물해주는 것도, 무심한 척 하면서도 말끝마다 괜찮냐며 걱정해주는 따뜻한 마음씨까지도. 그렇게 변함없는 너와 깊은 대화를 나누다 보니, 어느새 그동안의 서운한 감정은 전부 사라졌고, 우리는 예전의 돈독했던 관계로 돌아갈 수 있었다.

그래 맞아. 네 말대로 화해라는 건 정말 쉬운 거였다. 복잡한 공식을 대입시키지 않아도, 굳이 용기의 힘을 빌려 가며 실행하지 않아도 되는 거였다. 정말 이렇게나 쉬운 거였다.

여행을 에세이하다

여행을 에세이하다

위키드 뮤지컬 공연장 근처에서 만난 한 노숙자는 특별했다. 안타까운 사연이 담긴 듯 눈동자는 어둠 속에서도 유독 밝게 빛이 났고, 꼬질꼬질한 손에서는 이상할 정도로 향긋한 냄새가 뿜어져 나왔다. 미소를 머금고 인사하는 모습이 좋아서인지, 그와 함께 담요를 꽁꽁 감싼 채 추위를 이겨내는 강아지가 안쓰러워서인지, 크나큰 공연장에 덩그러니 남겨진 초라한 두 존재의 모습에 동정이라도 생긴 건지, 나는 도저히 그들을 그냥 지나칠 수가 없었다. 아무 말 없이 야식으로 산 치킨 샌드위치와 생수 한 병을 그들 앞에 내려놓았다.

그는 고맙다는 인사와 함께 재빠른 손놀림으로 샌드위치를 집어 포장지를 제거했다. 빠른 손놀림을 보아하니, 정말 어지간히 배가 고팠나 보다. 그는 엄지와 검지로 샌드위치 크기를 측정하더니 자로 잰 듯, 정확하게 샌드위치를 삼등분으로 나눴다. 그중 두 덩이를 강아지에게 먹여줬고, 그것도 부족하다고 생각했는지 남은 한 덩이에서 또다시 반을 갈라 자신의 강아지에게 먹여줬다. 그는 말없이 강아지만 바라보고 있었다. 주인의 마음을 아는지 모르는지, 이 녀석은 바쁘게 꼬리를 흔들며 샌드위치를 흡입하느라 정신이 없었다. 노숙자는 흐뭇하게 웃으며 비스킷 크기로 변해버린 샌드위치와 함께 생수를 쭉 들이켰다.

비록 지금은 모든 걸 잃은 사람처럼 보였지만, 크고 소중한 한 가지만은 잃지 않고 소중하게 간직하고 있었다. 자신보다 남의 배를 채우는 게 우선인, 나보다 너를 먼저 생각하는 마음.

토요일 같은 여행

남들에겐 평범하지만
나에겐 꿀같이 달콤한 하루.
아침과 점심을 한 끼로 먹어도
배부른 하루.
오후 3시까지 침대에서 뒹굴뒹굴해도
용서되는 하루.
집 앞 마트 가는 것만으로
콧노래가 절로 나오는 하루.
친구들과 마시는 생맥주 한 잔이
유난히도 시원하게 느껴지는 하루.

내일에 대한 근심, 걱정 보다
내일에 대한 설렘으로 잠 못 이루는 하루.
여행은 하루하루가
토요일 같아서 참 좋다.

천사, 콜린

전혀 생각지도 못한 일이 벌어지고야 말았다. 숙소로 돌아갈 왕복 버스표를 잃어버린 것이다. 이런저런 상황을 종합해봤을 때, 아까 바지 주머니에서 핸드폰을 꺼낼 때 함께 딸려 나와 떨어진 것이 분명했다. 덜렁대는 성격이 결국 화를 불러일으킨 것이다. '버스표 하나 잃어버리면 어때? 까짓것 경험 삼아 한 번 걸어가면 되지'라고 말할 수도 있겠지만, 이곳이 빅토리아 역에서 버스를 타고 3시간 거리에 위치한 옥스퍼드라고 말해준다면 모두가 입을 다문 채, 고개를 끄덕거리며 내 상황을 이해할 것으로 생각한다.

하필이면 이날, 비상시에 사용하려고 만든 체크카드를 숙소에 두고 왔고, 설상가상으로 남은 돈 대부분을 저녁 만찬에 투자했던 터라 수중에 가진 돈이라곤 단돈 3파운드가 전부였다. 사건의 경위를 파악하기에 시간은 턱없이 부족했고, 옥스퍼드는 넓디넓었다. 그렇게 터미널 한가운데서 발을 동동 구르고 있는데 누군가가 말을 걸어왔다. 흐르는 세월에 못 이겨 생성된 얕은 잔주름, 밑단을 정확하게 맞춰 자른 단정한 단발머리, 어떠한 화장기도 없는 순수한 얼굴의 중년여성. 그녀가 바로 내 여행의 천사로 기억된 '콜린'이었다.

몇 년 전, 가족여행으로 한국에 다녀왔다는 그녀는 그때의 경험을 통해 내가 한국 사람이라는 걸 단번에 알아봤고, 반가운 마음에 관심을 보여 왔다고 한다. 그러다 내 심각한 표정을 확인하고 무슨 일이 생겼다는 사실을 알게 된 모양이다. 그녀가 조심스러운 말투로 내게 물었다.

"혹시, 무슨 문제라도 있어?"
"저... 그게... 빅토리아로 돌아가야 하는데, 버스표를 잃어버렸어요. 지금 가

여행을 에세이하다

진 돈은 3파운드가 전부라 버스표도 끊을 수 없는 상황이고요."

답답한 내 심정을 헤아려 줄 사람이 생겼다는 사실에 흥분한 나머지 발음
은 전혀 신경 쓰지도 않고, 현재에 처한 내 상황을 아주 빠른 속도로 설명
해나갔다. 내 말이 끝나자 그녀는 '아~'라는 짧은 추임새를 내뱉고는 잠깐
기다리라는 말을 남긴 채 어디론가 급히 사라져버렸다. 금방 돌아오겠다고
약속했지만, 그녀는 오랜 시간이 지나도 돌아오지 않았다. 기다림에 지쳐
가까운 벤치에 몸을 맡기려 하는 순간, 그녀가 저 멀리서 나를 부르며 헐레
벌떡 뛰어왔다. 헉헉대며 숨을 고르던 그녀는 내 손에 무언가를 쥐여주며
이렇게 말했다.

"10분 뒤에 빅토리아로 출발하는 버스표야."
"예전에 한국으로 여행을 갔을 때, 한국 사람들에게 정말 많은 도움을 받았
거든, 덕분에 좋은 추억도 많이 생겼고. 이건 과거 한국에 대한 내 감사의
마음이야."

그녀의 친절한 호의가 정말 고맙긴 했지만, 또 한편으론 워낙 친절했던 탓
에 어떠한 목적을 갖고 접근한 사기꾼일 수도 있겠단 생각을 쉽게 떨쳐낼
수가 없었다. 복잡한 마음에 표를 앞에 두고 망설이는 나를 보며 그녀가 괜
찮다는 듯 환하게 웃고는 이렇게 말했다.

"뭐 하고 있어, 어서 받아. 이 버스표는 공짜로 구한거야. 저쪽 플랫폼에서
무섭게 서 있는 버스 기사 보이지? 사실 그가 내 남동생이거든. 그래서 이
표를 공짜로 구할 수 있었던 거고. 그러니 너무 부담 갖지 않아도 돼. 자 그
럼 지금 당장 이 표를 들고 내 털보 동생에게 달려가서 버스를 태워달라고

말해. 코리안 보이! 잠깐이지만 반가웠어. 남은 여행 잘하고 가끔 '콜린'이
라는 이름을 떠올려줬으면 좋겠어."

비구름이 지나간 하늘처럼, 나를 감싸고 있던 모든 악재가 풀린 기분이었
다. 추운 날씨로 꽁꽁 얼어붙었던 내 눈은 그녀의 따뜻함에 사르르 녹아내
리며 결국 뜨거운 눈물을 떨구어냈다.
세상에 존재하는 모든 감사의 표현을 사용해도 그녀의 호의를 표현하기에
부족했다. 어떻게 생전 처음 보는 사람에게 이렇게 친절한 호의를 베풀 수
있는가? 나로서도 이해되지 않은 행동이었고, 나조차도 쉽게 실행할 수 없
었을 것이다. 하지만 콜린은 꽉 막힌 내 상식을 깨버릴 정도로 따뜻한 마음
씨를 지닌 사람이었다. 그날 런던에서 만난 콜린은 말 그대로 하늘에서 내
려온 천사였다. 이런 천사를 잠시나마 의심했다니, 미안한 마음에 그녀의
두 손을 꽉 붙잡았다. 그녀의 양손에선 추운 날씨를 잊게 만들 만큼 따뜻한
온기가 느껴졌다.
잠시 후, 시간이 다 됐다며 내 등을 툭툭 쳐주는 콜린에게 감사의 인사를
전하고 나서 그녀의 남동생이 기다리고 있다는 버스로 후다닥 달려갔다.
버스에 올라타 창밖을 내다보니, 조금 전까지 손을 흔들어 주던 콜린은 벌
써 어디론가 사라지고 없었다. 그녀의 사라진 빈자리를 바라보며 아주 작
은 소리로 속삭이듯이 말했다.
'고마워요, 콜린'

그리고 이건 빅토리아 역에 도착해서 알게 된 사실인데 버스 기사는 '콜린'
이란 이름을 단 한 번도 들어본 적이 없다고 했다.

떠나고 나서야 알게 된 것

세상에서 가장 안타까운 사람들이 사는 곳이
우물 안의 세계라는 사실을.

비가 주는 찝찝함을 싫어하던 내가
비가 주는 촉촉함을 좋아하게 됐다는 사실을.

언어의 장벽이라는 건
스스로 만든 한계라는 사실을.

일직선으로 뻗은 햇살을 맞으면 인상부터 찡그렸던 내가
눈을 감고 햇살을 받아들이는 방법을 터득했다는 사실을.

내 몸을 부르르 떨게 만든 건 추운 날씨 때문이 아니라
냉소적인 내 마음이 문제였다는 사실을.

고독한 시간은 자기 자신이 어떻게 활용하느냐에 따라
때로는 고귀한 시간이 될 수도 있다는 사실을.

"여행 잘 하고 있니? 보고 싶다 아들"

런던의 깊은 밤, 한 통의 메시지를 받았다. 표현이 서툰 그녀가 썼다 지우기를 반복하여 써내려간 짧은 문장. 고민과 망설임의 흔적이 잔뜩 남아있는 글의 조각들. 남들이 보기엔 아무것도 아닌 평범한 말이지만 열댓 글자의 짤막한 한 줄이 내 눈물샘을 자극했고, 결국 나는 참지 못하고 눈물 몇 방울을 떨어뜨리고 말았다.

사실 런던에 오기 전, 그녀와 심하게 다툰 적이 있었다. 남들처럼 일찍 졸업하고, 하루라도 빨리 사회라는 공간 속에 자리 잡길 원하는 그녀의 바람과 달리, 나는 학업을 중단하고 모든 걸 뒤로 미룬 채 여행을 선택했다. 그녀는 계속해서 내 선택을 반대했고, 어떻게든 자신의 방향으로 이끌기 위해 수도 없이 나를 설득했지만, 완강한 내 고집을 꺾을 수 없었다. 그 후로 그녀는 내 여행을 탐탁지 않은 시선으로 바라봤고, 가끔 깊은 한숨을 내쉬며 걱정 가득한 눈빛으로 나를 바라보곤 했다.

과거의 기억이 되살아나면서 괜스레 미안한 마음이 들기 시작했다. 그리움을 가득 담은 메시지와 런던에서 찍었던 몇 장의 사진들을 함께 동봉해서 보냈다. 잠시 후, 그녀의 프로필 사진에는 런던거리에서 활짝 웃고 있는 '내'가 있었고, 그 사진 바로 밑에는 '멋진 내 아들'이라는 글이 적혀 있었다. 그 문장을 보고 나는 알 수 있었다. 여태까지 내 여행을 가장 반대했던 사람이 이제는 내 여행을 가장 많이 응원해주는 사람이 됐다는 사실을.

나는 월터처럼 여행하고 싶다

〈월터의 상상은 현실이 된다〉라는 영화에서 주인공 '월터'는 라이프 잡지사에서 사진 인화 담당자로 일한다. 그는 오래전부터 자신의 회사 동료인 '셰릴'을 짝사랑하고 있고, 사진작가 '숀'과는 오랜 시간 동안 함께 일해 온 든든한 파트너다. 월터는 평범한 삶을 살고 있는, 아니 한심한 삶을 사는 표현이 더 정확하겠다. 틀에 박힌 생활 속에서 무언가를 하고 싶다는 의지도 없고, 특별한 경험 또한 갖고 있지 않다. 항상 멍 때리는 버릇 때문에 출근 버스나 기차를 놓치는 일이 다반사고, 그러한 성격 탓에 매일같이 상사에게 구박받고, 무시당하는 하루를 살아가고 있다.

월터의 유일한 낙은 다름 아닌 '상상하기'이다. 그는 비범한 몽상가다. 상상 속에서만큼 월터는 온 세상을 누비고 다니는 탐험가이자, 세상에서 가장 위대한 영웅이며, 역사의 한 획을 긋는 중요한 인물로 기록된다.

어느 날. 여느 때와 다름없이 월터는 숀이 보내준 필름들을 정리하면서 이번 달 잡지표지에 사용할 사진을 선별하고 있었다. 그런데 그 사진 중에서 100년에 한 번 나올까 말까 한, '삶의 정수'라고 표현되는 걸작인 25번째 사진이 사라졌다는 걸 확인한다. 당황한 월터는 작업실 전체를 뒤져가며 사라진 사진을 찾아봤지만, 이상하게도 25번째 사진만은 흔적조차 찾아볼 수 없었다. 엎친 데 덮친 격으로 그 날, 회사의 인사가 교체되고 회사운영방식이 새롭게 개편됨에 따라 수많은 직원들이 정리해고를 당하게 되는 상황이 벌어지고 만다.

월터 또한 25번째 표지사진을 찾지 못한다면, 해고를 피할 수 없을 거라는 통보를 받게 되고, 월터는 어디에 있는지도 모를 25번째 사진을 찾기 위해 '숀'이 머무르고 있다는 그린란드로 여행을 떠난다. 즐거운 여행이 될 것이란 기대와 달리 그의 여행은 매 순간이 고난의 연속이었다. 첫 여행지인 그린란드에 도착하자마자 술주정뱅이와 싸우게 되고, 바다에 빠져 상어에게

공격당해 목숨을 위협받는다. 아이슬란드에서는 큰 화산폭발을 겪게 되어 타국에서 생을 마감할 뻔하고, LA 공항에선 테러범으로 오해받아 이틀이라는 시간을 공항에서 허비하게 된다.

월터는 이렇게 험난한 과정에서 무언가를 깨우쳐가기 시작했다. 언제부턴가 멍 때리며 상상하는 횟수도 줄어들었고, 자신의 발걸음에 초점을 맞추며 최대한 현재의 순간에 집중하기 시작했다.

여러 나라를 여행한 끝에 월터는 드디어 마지막 여행지인 히말라야에서 숀과 재회하게 되고, 그에게서 이번 여행의 목적이었던 25번째 사진에 관한 이야기도 듣게 된다. 그런데 정말 어처구니없게도, 지금껏 온갖 고생을 해가며 찾아 다녔던 25번째 사진은 바로 월터 자신이 갖고 있었다는 사실을 알게 된다. 그렇게 길었던 여행 끝에 월터는 25번째 사진을 품에 안고 회사로 돌아온다. 그러나 많은 동료처럼 월터 또한 해고를 피하지 못한다.

그런데 월터는 환하게 웃는다. 베테랑 사진편집기사에서 단 하루 만에 실직자로 전락해버렸지만, 월터는 세상에서 가장 행복한 남자가 되어있었다. 항상 자신의 의견을 굽히고 남에게 복종하던 성격은 어느새 완전히 사라져버렸고, 터무니없는 상상 또한 더는 하지 않았다. 그렇다. 그는 여행을 떠나기 전과는 완전히 다른 사람이 되어 있었다. 끝으로 월터는 달라진 모습으로 자신의 짝사랑인 '셰릴'에게 당당히 찾아가 그동안 자신이 갖고 있던 속마음을 털어놓게 되고, 혼자 앓던 짝사랑을 진정한 사랑으로 바꿔 놓는다. 둘은 그렇게 서로의 손을 맞잡고 천천히 걸어갔고, 이번 달 폐간잡지에 실린 25번째 표지사진이 무엇이었는지 확인하게 되면서 영화는 아름답게 마무리된다.

영화 속 월터라는 남자는 현재를 사는 우리들의 모습을 잘 표현해주고 있다. 나 역시 아무런 생각 없이 멍 때리는 버릇이 있었고, 삶에 대해 뚜렷한 목표도 갖고 있지 않았다. 무언가를 시도하기 전에 항상 '나는 안 되겠지'라는 말로 포기하기 일쑤였고, 여행이라는 건 내 인생에 있어 전혀 해당 사항이 없는 활동 중에 하나라고 생각했다. 그러다 일생을 우물 속에서 박혀 살던 내가 우연한 계기로 세상의 빛을 보게 되었고, 세상을 여행하는 과정에서 행복에 관련된 요소들을 하나씩 발견해가기 시작했다. 비록 내 여행 자체만을 놓고 따져봤을 때, 내가 꿈꿔왔던 완벽한 여행은 아니었지만, 적어도 그 여행을 통해서 내가 꿈꿔왔던 행복이 무엇인지는 깨달을 수 있었다.

사람들이 가진 꿈은 제각각이겠지만, 그 꿈의 본질적인 의미는 공통으로 '행복'일 것이다. 진정 자신이 원하는 행복을 찾고 싶다면, 현실을 벗어나 낯선 세상에 발을 디딜 필요가 있다. 뫼비우스의 띠처럼 반복되는 일상을 어느 순간 과감하게 끊을 수 있는 결단력이 필요하다. 하고 싶은 일들은 산 더미처럼 쌓여있지만 우리의 인생은 잔인할 정도로 짧다. 망설임을 버린다면 행복은 제 발로 찾아올 것이다.

"세상을 보고 무수한 장애물을 넘어 벽을 허물고
더 가까이 다가가 서로를 알아가고 느끼는 것.
그것이 바로 우리가 살아가는 인생의 목적이다."
-월터의 상상은 현실이 된다, 대사 중-

Chapter 02

'내일'

★

'나중에'란 말 대신
'반드시'란 말을 꺼내면
내일을 여행하게 된다

★

현명한 사람

토마스 풀러는 말했다.
'바보는 방황하고, 현명한 사람은 여행한다고.'

현명한 사람이 되어가고 있다면
그걸로 나는 만족한다.

돌려 말하기

"지금 막 파리에 도착했는데, 갑자기 네 생각이 난다?"
"응? 그게 무슨 말이야?"

"무슨 말이긴. 보고 싶다는 말이지."

여행을 에세이하다

작은 울림

친구라고 하기도, 아니라고 하기도 참 모호한 동창이 한 명
있었다. 말 그대로 절친한 사이는 아니었지만, 서로의 이름
은 알고 있다는 명분으로 SNS상에서 형식적인 관계를 맺고
있는 그런 친구였다.

어느 날, SNS에서 그 친구의 근황이 담긴 한 장의 사진을 보
게 되었다. 친구는 세계여행을 하고 있었다. 불과 한 달 전
까지 남미에 있었다는 그 친구는 한국으로 돌아와 재정비할
시간도 없이 곧바로 유럽으로 여행을 떠났다. 사진의 배경
은 파리의 랜드 마크 중 하나인 노트르담 대성당이었다. 정
말 아름다운 사진이었다. 물론 그 친구의 미스코리아 뺨치
는 외모가 크게 한몫했지만, 친구 뒤에 서 있던 노트르담 성
당은 더 멋진 모습을 뽐내며 내 가슴을 두근거리게 하였다.
무엇보다 사진 속에 있던 그 친구가 온 세상을 다 가진 사람
처럼 행복해 보였다. 사람이 어떻게 저런 미소를 지을 수 있
겠느냔 생각이 들 정도로 정말 행복하게 웃고 있었다. 사진
을 한참 동안 뚫어지게 바라보고 있으니 문득 이런 생각이
들었다.

여행을 에세이하다

'나도 저곳에 가면 저 친구처럼 행복하게 웃을 수 있을까?'

그로부터 정확히 2년 후, 나는 드디어 꿈에 그리던 낭만의 도시 파리에 가게 되었고, 그 사진의 배경이었던 노트르담 대성당에 내 발자취를 남길 수 있었다. 2년 전에 봤던 사진을 떠올리며, 그 친구가 서 있던 자리로 찾아가 똑같은 포즈로 사진을 남겼다. 비록 그때 봤던 친구의 사진과는 느낌부터가 확연하게 달랐지만, 사진 속의 나는 예전에 봤던 친구의 얼굴처럼 정말 행복하게 웃고 있었다.

'내가 그 친구의 사진을 보고 이곳에 온 것처럼, 다른 누군가도 지금의 나를 보며 이런 여행을 시작할 수 있을까? 다른 누군가도 내 여행을 지켜보면서 자신의 로망을 실행으로 옮길 수 있을까? 나도 다른 누군가의 부러움을 한 몸에 받는 멋진 존재가 될 수 있을까?' 뭐 굳이 어떻게 되든 크게 상관하지 않는다. 그저, 2년 전의 내가 그 친구의 사진을 보고 가슴 벅찬 무언가를 느꼈듯이, 지금의 내가 다른 누군가의 가슴에 작은 울림을 줄 수만 있다면, 그 사실 하나만으로도 충분히 만족할 것이다.

근육질 몸에 온갖 에펠탑 상품들을 걸친 한 사람이 센 강변에서 '5 개 1유로'를 외치며 쫓아온다. 붙잡히면 귀찮은 일이 벌어질 것 같단 생각에 그를 따돌리기로 했다. 센강 한가운데서 벌어진 추격전은 몇 분 동안이나 계속 이어졌지만, 따돌리기를 포기하고 걸음을 멈췄다.

그에게서 뭔가를 사고 싶다는 생각은 단 1%도 없었지만, 솔직하게 말해서 빈티지 느낌으로 덧칠한 에펠탑 열쇠고리가 탐나긴 했다. 하지만 실용성이라곤 전혀 찾아볼 수 없는 물건을 단지 마음에 든다는 이유 하나만으로 선뜻 사는 것은 돈 낭비에 불과하다는 생각이 들었다. 결국, 돈이 없다는 핑계를 둘러대며 그에서 벗어나려고 하는데, 다급하게 내뱉은 그의 한마디가 뒤돌아서는 내 발걸음을 붙잡고 말았다.

"5개 1유로, 싸다 싸."
"미안한데 진짜 돈이 없어"
"에이. 그럼, 7개 1유로"
"콜"

신중하게 선별한 일곱 개의 열쇠고리를 내게 건네줬다. 그가 사라진 후, 오른쪽 검지에 열쇠고리 몇 개를 끼워봤다. 짤랑거리는 소리에 햇살까지 더해지니 만족스러운 미소가 절로 나왔다.

그냥

'그냥, 그냥 좋으니까'

내가 여행을 떠나는 이유야
셀 수 없이 많겠지만,
이상하게 이유를 설명할 땐,
나도 모르게 '그냥'이라고 대답한다.

내게 있어 '여행'은
사랑하는 사람과 비슷하다.

떠올리기만 해도 가슴을 뛰게 하는 것.
어느 순간부터 나도 모르게 좋아하게 되는 것.

그리고 그 이유에 대해 굳이 설명하지 않아도
모두의 고개를 끄덕거리게 만들 수 있다는 것.

당신이 세상을 바꿨어요

밤 열한시 정도 되었을까. 파란 하늘은 검게 어두워졌고 에펠탑은 우아함이 가득 담긴 주황빛 조명이 비추었다. 쌀쌀한 바람 탓에 가방에서 꺼낼 일이 없을 줄 알았던 외투를 꺼내 입고, 잔디밭 한가운데에 홀로 앉았다. 감성에 젖어 마신 이름 모를 맥주 두 병이 유난히 달콤한 밤이다.

구스타브 에펠이 처음 탑을 만든다고 말했을 때, 수많은 예술가가 이런 말들을 내뱉었다고 한다.
'에펠탑은 파리예술에 먹칠하는 일이다, 최대 흉물이 될 것이다, 철재로 만든 작품은 그저 돈 낭비일 뿐이다, 당장 중단해라'

하지만 그는 악착같이 버텨냈고, 묵묵히 자신의 길을 걸어가는 것에 집중했다. 그리고 그런 악담들을 이겨내며 보란 듯이 에펠탑을 완성했고, 주위의 비난과 우려를 역사의 한 획으로 바꿔놓았다. 그때부터 지금까지 그의 유산, 에펠탑은 전 세계 사람들의 꿈이자, 로망으로 정의되고 있다. 저 빛나는 존재로 인해 연인들은 사랑을 약속하고 뜨거운 키스를 나누며, 친구끼리는 돈독한 우정을 맹세하며 서로의 맥주병을 부딪친다. 나 역시 에펠탑을 마주한 순간, 꿈을 이룬 것처럼 기뻤다.

구스타브 에펠, 당신이 파리를, 아니 세상을 바꿨어요.

여행을 에세이하다

쉬어가기

뭘 그렇게 걱정해?
눈을 감고 들려오는 노래에 집중해봐.
감미롭지 않아?
손때 하나 묻지 않은 순수한 노래가.
시선에 구애받지 않고
오로지 나에게 집중하며 쉼을 갈구하는 시간이.

항상 앞만 보고 걸음을 재촉했지만
가끔은 쉼표를 찍어줘야 할 때가 있어.
지금껏 이 순간을 위해 열심히 달려왔잖아?
그러니 너무 걱정하지 마.

쉬어가기도 인생에서 필요해.
내게 주어진 짐을 잠시 털어내고
오로지 '쉼'이라는 시간에 집중해봐.

어때? 정말 마음에 들지 않아?

여행을 에세이하다

사람은 겪어봐야 안다

늦은 밤, 파리 Place d'Italie 역 근처, 따뜻한 라떼 한 잔으로 몸을 녹이고 나서 숙소로 돌아가고 있는데, 뒤편에서 낯선 남자가 큰소리로 나를 부르는 것이 아닌가? 조폭 영화에서나 볼법한 험상궂은 외모에 문득 며칠 전 부랑자에게 잡혀 카메라를 뺏겼다는 지인의 경험담이 떠오르기 시작했다. 나는 절대 쉽게 당하지 않겠다는 다짐을 하며 아랫입술을 꽉 깨문 뒤, 냅다 앞만 보고 잽싸게 달려갔으나 그에게 붙잡히고 말았다.

예상했던 시나리오와 달리 내 손에 뭔가를 쥐여주는 것이 아닌가? 그가 내 손에 쥐여준 것은 다름 아닌, 출국하기 전 친구들에게 선물 받았던 내 파란색 셀카봉이었다.

그렇다. 그가 날 쫓아온 이유는 그저, 칠칠찮은 내가 카페에 두고 나온 이 셀카봉을 돌려주기 위해서였던 것. 단지 선량한 마음 하나로 나를 쫓아온 것뿐이었다. 곧이어 그는 내 오른팔을 툭툭치고는 알아들을 수 없는 불어 몇 마디를 던지고 내 시야에서 천천히 사라져갔다.

'사람은 겪어봐야 알 수 있다'라는 말이 있다. 사람은 첫인상이 아닌, 지속적인 만남과 깊이 있는 대화를 나누어 봐야만 그 사람의 진정한 모습을 알 수 있다는 말이다.

사람은 겉모습만 보고선 절대로 알 수 없는 존재다. 이러한 사실을 알고 있음에도 불구하고 그 사실을 간과한 채 첫인상만으로 상대방에 대한 모든 것을 판단하고 결론지은 내가 참으로 부끄러운 날이었다. 그것도 내 안에 무언가를 심어주겠다는 큰마음을 안고 여행하는 중에 일어난 일이라 그 부끄러움이 더했다.

내가 모르는 또 다른 이유

"뭐? 여행? 또 간다고? 너도 이제 다 큰 어른이야. 여행은 한 번으로 끝내야지, 넌 애가 왜 그렇게 철이 없냐?"

친한 친구가 내게 한 말이다. 별 것 아닌 저 말이 송곳으로 변해 내 가슴을 쑤셔오는 것 같았다. 내 말에 핀잔을 넣으며 호통치던 친구의 태도 때문이 아니라 여행을 횟수로 판단할 정도로 변한 친구의 모습에 마음이 아팠다.

그 친구는 가벼운 펜보다는 묵직한 카메라를 드는 걸 좋아했고, 틈나는 시간마다 전국을 누비고 다녔으며, 만화 원피스의 보물은 실제로 존재한다고 굳건히 믿던 순수의 결정체였다. 꿈이 뭐냐고 물어보면 일말의 망설임 없이 세계지도를 펼쳐 모두에게 보여줬으며, 온 세상을 떠도는 바람처럼 되고 싶어 하던 친구였다.

그런데 시간이 흐를수록, 친구는 꿈과 거리를 두기 시작했다. 나이에 숫자가 더해질수록 꿈을 소홀히 여기다가 어느 순간부터 꿈을 잊고 살기 시작했다.
무엇이 그토록 그를 차갑게 만들었을까? 20대 중반이라는 나이의 무게감? 혹독한 세상이 만들어낸 압박감? 흐르는 세월의 삭막함? 아니면 내가 모르는 또 다른 이유. 언젠가는 꼭, 꿈을 되찾은 친구와 함께 어딘가로 훌훌 떠나고 싶다.

공간을 지배하는 남자

적당히 자란 콧수염과 과하지 않은 올백 머리를 한 남자가 있다. 이젠 덥다고 표현될 날씨 속에서 두꺼운 야전 상의를 고집하는 걸 보면, 자신만의 확고한 '색'을 가지고 있는 사람인 것 같다. 그는 잠시 주변을 살핀 뒤, 음지와 양지가 적당히 섞인 자리에 앉아 등에 멘 가방에서 자신의 키만 한 첼로를 꺼내 들었다. 우아한 자태의 활까지 갖추고 나서야 모든 준비를 마친 듯, 의자에 앉아 살포시 눈을 감고 정교한 자세를 잡았다. 곧이어 두꺼운 손가락을 바삐 움직이더니, 휘어지는 활을 교차하며 자기만의 독특한 곡을 연주하기 시작했다. 합주로 빛을 발하는 첼로가 혼자서도 멋진 음악을 만들 수 있다는 걸, 그는 증명하고 있었다. 연주에 집중해서 생긴 미간의 주름이 남자가 보기에도 아주 섹시하게 느껴진다. 묵직하고 단단한 저음이 어느새 이 공간을 지배해버렸다. 귀에 딱딱 꽂히는 음들은 주변의 공기와 동화되어 내 몸을 감싸기 시작한다. 아무래도 그의 손이 멈추기 전까지 이곳을 벗어나기는 힘들 것 같다. 남자, 첼로 그리고 음악이 가득한 공간 속의 추억 하나.

여행을 에세이하다

모나리자를 보지 않아도 좋아

팔짱을 끼고 천천히 작품세계에 빠져드는 미술관의 이미지와는 영 딴판이었다. 관광객들이 만들어낸 왁자지껄한 소음이 엄숙한 분위기를 죄다 없애고 도떼기시장으로 변질된 곳. 그것이 루브르의 첫인상이었다.
어딜 가나 개미 떼처럼 몰려있는 사람들로 인해 발 디딜 틈이 없었고, 루브르에 온 가장 큰 목적 중 하나인 모나리자는 엄청난 인파로 인해 멀리서 실루엣 보는 것으로 만족해야 할 만큼 접근조차 힘들었다.

정신없는 분위기에 혀를 내두르며 근처에 있는 의자에 몸을 맡겼다. 그 순간 천장 통유리를 뚫고 들어온 날카로운 햇살에 못 이겨 고개를 돌렸는데, 우연히 한 장의 그림과 마주하게 되었다. 그림 속에는 지옥으로 변한 세상에서 두 팔을 번쩍 든 채 무언가를 외치고 있는 한 명의 전사가 서 있었다. 무슨 메시지를 전달하고 싶은 건지 궁금하면서도, 멸망해가는 세상 속에 덩그러니 혼자 남겨진 모습이 고독하면서도 애잔하게 느껴졌다. 최면이라도 걸린 사람처럼 오랜 시간 동안 한 장의 그림 앞에서 꿈쩍도 하지 않고서 있었다. 이제 곧 사라진다는 두려움을 감추고 당당하게 서 있는 그의 자태는 미술에 문외한인 내 마음도 사로잡을 만했다.
루브르의 모나리자를 보지 않아도 좋았다. 전혀 예상치 못한 곳에서 나를 압도시킨, 내 가슴의 진한 울림을 선물해준 한 장의 작품을 만났으니까.

미소를 부르는 한마디

Merci

Danke sch"on

Děkuji

Grazie

Thank you

각 나라에 존재하는
수많은 표현 중에서
"감사합니다"라는
표현이다.

이 한마디만 알고 있어도
돈 주고도 못 살
5월의 햇살 같은
사람들의
따사로운 미소를
눈앞에서 확인할 수 있다.

여행을 에세이하다

여행을 에세이하다

몽마르트르에 도착했을 때 제일 먼저 나를 찾아온 감정은 '벅찬 감동'이 아닌 '실망감'이었다.

몽마르트르 언덕을 대표하는 샤크레 쾨르 성당은 사진과 차이점 없는 모습에 어떠한 감정 변화도 느끼지 못했고, 천천히 주위를 둘러보고 있으면, 근처에 숨어있던 집시들이 나타나 끈질기게 달라붙어 내게 돈을 내놓을 것을 요구했다. 겨우 그들을 뿌리 치고 달아났다고 하면 한숨 쉴 겨를 없이 이번엔 이곳의 터줏대감이라 일컫는 실 팔찌 강매 흑인들이 '짠'하고 나타나 내 얇은 팔목에 수갑 같은 팔찌를 채우며 그나마 남아있던 감동마저 모조리 빼앗아갔다.

평소 막연한 상상으로 그렸던 몽마르트르와는 너무나도 다른 모습에 실망감은 걷잡을 수 없이 커져만 갔다. 이곳에 더 있다간 없던 분노까지 생겨날 것 같다는 생각에 미련을 버리고 뒤를 돌아봤다. 그런데 이게 웬걸? 오르쉐에서나 볼 법한 작품 같은 파리의 풍경이 고귀한 자태로 내 눈앞에 전시되어있는 것이 아닌가?

'멋이란 이런 거다'라고 말하는 것 같은 세련된 건물들, 살짝 밋밋한 도시 풍경에 파릇한 색을 더해주는 초록빛 나무, 그리고 그 멋진 작품들 사이에서 화룡점정을 찍어줄 아기자기한 에펠탑까지.

내 눈에 비친 파리의 풍경은 내가 이곳에 올라오면서 보고 온 건물이고, 밟고 온 길들이며, 전날 밤, 벅찬 감동을 했던 에펠탑이었다. 그때 나는 알 수 있었다. 가끔은 눈앞에 있는 멋진 풍경보다 그곳을 향해 밟고 걸어온 흔적들이 더 빛나는 법이라는 것을.

기념품

'기념품은 절대 사지 말자.'
여행하면서 스스로 되뇐 한 가지.

자고로 기념품이란, 소중한 사람들에겐 소소한 기쁨과 벅찬
감동을 선물할 수 있지만, 그와 반비례하여 내 여행경비의
수명이 조금씩 단축되기 때문이다.

그러나 내 걸음을 멈추게 하는 상가가 많이 보일수록, 습관
적으로 손이 가는 물건이 많을수록, 물건을 보며 떠오르는
사람이 많아질수록, 걸음은 점점 더뎌지고, 입꼬리는 점점
위로 올라가게 되며, 굳은 다짐은 점점 더 묽어지게 된다.

그리고 어느새 정신을 차려 보면, 내 양손엔 누군가에게 선
물할 기념품이 한 가득이다.

여행을 에세이하다

꿈과 행복은 비례한다

하늘이라는 파란 도화지 위에 상상이라는 붓으로 간절하게 생각나는 것들을 하나씩 그려 나가본다. 머릿속에 떠오르는 장면들을 천천히.

어떤 그림이든 무궁무진한 상상력을 토대로 나만의 그림을 완성한다. 내가 그린 그림들은 현재 내가 가장 이루고픈 '꿈의 한 장면'이다.

내가 그린 그림을 이룰 수 없는 동경의 시선으로 바라보지 않으며 '다음'이라는 단어로 미루지도 않는다.

'반드시'라는 말로 그림 속 나의 모습과 가까워지도록 노력할 것이다. 항상 '꿈'을 가슴속에 새겨두고 기억할 것이다. 꿈과 행복은 비례한다. 여행은 이 비례식의 정답이다.

Chapter 03

' 함께 '

★

걱정하지 마!
문밖 넓은 세상이
기다리고 있으니

★

이터널 선샤인

그래, 나도 안다.
내가 아무리 그 날을 잊고 싶다 한들
차곡차곡 쌓아 올려 완성한 우리의 추억에다
손끝 하나 댈 수 없다는 거.
내가 아무리 너를 지우려고 한들
그 날 너에게서 느낀 감정만큼은
절대로 지울 수 없다는 거.

나도 잘 안다.
그러니 난 그냥 안고 간다.

어차피
네가 남긴 모든 흔적을 지운다고 해도,
설령 모든 걸 지운 채
네 곁을 떠난다고 해도,
언젠가는 알 수 없는 이끌림으로
다시 네 곁에 돌아올 테니까.

우리가 처음 만났던 그 모습 그대로.

뮌헨의 첫인상

하늘은 빗물을 쏟아내고 있었고,
천둥소리까지 더했다.

밤하늘엔 별 하나 없는 쓸쓸함으로 가득했고,
몇몇 노숙자만이 거리의 공허함을 달래주고 있었다.

이 도시의 밤 10시는 그러했다.
세상에 존재하는 모든 슬픔을 떠안은 것처럼.

아리따운 아가씨 한 명이 나를 향해 걸어오고 있다. 아까부터 눈이 마주칠 때마다 수줍은 미소와 함께 따뜻한 눈인사를 건네던데, 이 건 내게 호감이 있다는 표시인 게 분명했다. 그나저나 정말 예쁜 여 자다. 유명 여가수 '아리아나 그란데'를 그대로 본떠 만든 사람처럼, 온몸에서 아름다운 매력이 철철 흘러넘치는 것 같다.

마침내 그녀와 난 세 뼘 정도 되는 거리에서 마주하게 되었고, 나 는 남자다운 모습을 보이고 싶어 도도한 표정을 짓고 무게감을 잡 았다. 확신에 찬 얼굴로 커피 한 잔 하러 가겠냐는 노골적인 멘트를 꺼내려고 하는데, 그녀가 먼저 새빨간 입술을 떼며 이렇게 말했다.

"저기 죄송한데, 제 사진 좀 찍어주세요."
"..........아..........네........"

초점도 맞지 않는데 심술 난 것처럼 마구잡이로 셔터를 눌러댔다. 내가 보기에도 정말 형편없는 사진이 탄생했지만, 그녀의 기준에선 나름대로 만족스러운 결과물이라고 판단한 것 같다. 그녀는 감사하 다는 말과 함께 순식간에 반대편으로 사라졌다.

어휴, 그럼 그렇지.

여행을 에세이하다

다른 세상, 같은 생각

한국, 항구마을에 위치한 작은 주택. 열린 창문을 통해 들어온 비릿한 바람 냄새를 맡고 아침을 맞이한다. 아직도 잠이 덜 깬 듯 이불을 감싼 채 계속해서 늦장을 부린다. 잠시 후 시간을 확인하고 크게 기지개를 켜고 나서 제 몸과 다름없는 침대 위를 벗어난다. 오늘도 어김없이 식빵 몇 조각으로 간단히 아침을 해결하고 화장실에 들어가 온몸에 묻어있는 밤의 흔적들을 씻어낸다. 모든 준비를 마치고 나서 커피 한 잔 즐길 여유도 없이 서둘러 문밖을 나서려고 하는데, 갑자기 누군가가 떠올라 문밖으로 나서는 발걸음을 묶어두기 시작한다. 나는 잠시 생각에 잠겼고, 핸드폰을 꺼내 들고 누군가에게 짧은 인사말을 전한다. 'Good night'

　　:

독일, 뮌헨의 어느 허름한 호스텔. 주름진 침대 위에 누워 노트를 펼친다. 오늘 하루 있었던 일들을 떠올리며 오른손에 들고 있는 펜에게 일상의 기록을 강요한다. 그렇게 한동안 글쓰기에 몰두하고 있을 때쯤, 졸음이 밀려온다. 눈동자에 힘을 주며 잠을 쫓아내려 애썼지만, 오늘 꽤 많은 걸음을 소화한 터라 매우 피곤하다. 어둠이 깔린 천장을 바라보면서 천천히 눈을 감았다. 바로 그때, 다른 세상에 있을 누군가가 머릿속을 비집고 들어오기 시작했다. 그 후로 오랜 시간 동안 뒤척였고 결국 참지 못한 채, 몸을 일으켜 머릿속에 떠오르는 누군가에게 짧은 인사말을 전한다. 'Good morning'

유난히 네가 생각날 때

아침에 일어나면 적적함이
제일 먼저 나를 반겨줄 때,
티본스테이크를 먹다가
생각보다 많은 양에 반 정도 남겼을 때,
살랑거리는 버드나무 밑에 누웠는데
그늘진 옆자리가 공허하다고 느껴질 때,
누가 들어도 배꼽 잡을만한 이야기가 생각났는데
들어줄 사람이 없어 독백으로 아쉬움을 달래야 할 때,
무의식적으로 손을 뻗었는데
손끝에 느껴지는 건 영혼없는 바람뿐일 때,
멋진 배경에 나를 담고 싶은데
사진을 찍어줄 사람이 보이지 않을 때,
달리는 기차 안에서 조잘조잘 이야기하며
대화의 꽃을 피워가는 가족을 바라보고 있을 때,
여행하면서 나와 가장 가까워진 존재는
다름 아닌 바로 고독이라는 사실을 깨닫게 되었을 때.

끊어진 팔찌

팔찌가 끊어졌다. 동유럽 쪽 언어가 새겨진 가죽 띠 위에 하트모양 매듭으로 장식된 멋스럽고 예쁜 팔찌였는데, 바닥에 엎어져 땅에 쓸리는 바람에 그만 툭 하고 끊어져 버리고 말았다.

길이가 짧았던 탓에 낑낑대며 매듭을 묶는 데만 몇 분 이상이 걸렸고, 힘들게 착용해도 금방 풀리거나 팔뚝을 꽉 조여오기도 했다.
나에겐 맞지 않지만 예뻐서 억지로 팔찌를 차고 다녔는데 결국 내 두꺼운 팔목을 견디지 못한 것이다.

너와 나도 그랬나 보다. 서로가 맞지 않는다는 걸 잘 알면서도 너와 난 언제 끝날지도 모르는 위태로운 사랑을 시작했고, 결국 우리는 서로의 부족한 점을 미처 채워주지도 못한 채, 그렇게 이별하고 말았다.

팔찌는 바닥에 쓸리지 않았더라도 언젠가 끊어지고 말았을 것이다. 끊어진 것엔 별다른 이유가 있는 것이 아니라 처음부터 나와 맞지 않았을 뿐이다.

여행을 에세이하다

뮌헨에서 프라하로 넘어가는 기차 안, 텅텅 비어있는 기차 칸 안에서 두 다리를 쭉 편 채, 가이드북을 정독하고 있는데, 갑자기 옆에 있던 문이 활짝 열리면서 까칠해 보이는 경찰관 3명이 안으로 들어온다. 들어오자마자 내 앞에 위치한 그들은 다짜고짜 내 여권을 보여 달라고 한다. 지은 죄는 없지만 나를 노려보는 경찰들과 좁은 공간 안에 함께 있으니, 왠지 모를 긴장감에 목은 점점 뻣뻣해지고, 이마에선 굵은 땀방울이 하나씩 흘러내리기 시작했다. 잠시 후, 여권을 검사하던 경찰관 한 명이 뜬금없이 내게 하는 말. "흠. 너 혹시 마약 하는 그런 사람은 아니지?"

참나, 살다 살다 마약범으로 의심받는 순간이 오다니. 내 얼굴이 어딜 봐서. 터무니없는 그들의 질문에 어이없는 웃음부터 터져 나왔다. 곧바로 절레절레 손을 흔들며 아니라고 해명했다. 당연히 아니라고, 나는 그저 지금 프라하로 가는 여행자일 뿐이고, 심지어 태어나서 지금까지 담배도 한 번 펴본 적이 없는 순둥이 중의 순둥이라고. 사실을 이야기하며 그들에게 억울함을 호소했다. 거센 기세로 항의하는 내 모습에 자신들의 생각이 틀렸다는 것을 인정하는 눈치였다.

그들이 사라지고 나니 분노가 끓어 올랐다. 도대체 내가 어디가 어떻길래 마약범으로 보이는 거지. 씩씩대며 궁금한 마음에 핸드폰 화면에 비친 내 얼굴을 확인했다.

'아. 오늘은 무슨 일이 있더라도 꼭 머리를 감아야겠다.
물론 면도도 깨끗이 하고 말이지.'

너라는 존재

한여름에 시원한 아이스티처럼,
한겨울에 뜨듯한 국밥처럼
너라는 존재는 언제나
제일 먼저 떠오르는 사람이다.

어떤 상황이나 이야기에도
절대 흔들리지 않으며,
아무런 조건 없이
언제나 내 곁에 머물러준 너.

십 년이라는 세월을 뛰어넘어
앞으로도 더더욱 두터워질 우리의 관계.
먼 훗날에도 변함없이 이어질 만남.
우리는 지금 모습 그대로
매 순간을 함께 가꾸며 성장할 것이다.

여행이 끝나고 다시 만나게 될 그 날,
힘찬 목소리로 불러보자.
항상 우리를 웃고 울게 하였던
'친구'라는 노래를.

대만의 택시기사

대만 여행을 하면서 가장 마음에 드는 것을 꼽으라고 한다면, 망설임 없이 저렴한 물가일 것이다. 음식이면 음식, 교통비면 교통비. 대만은 만족스러운 물가를 지니고 있는 나라였다. 게다가 요 몇 일간 효율적으로 돈 관리를 한 덕에 수중엔 꽤 많은 돈이 남게 되었다. 물가도 쌀뿐더러 돈도 많이 남았겠다 오늘 하루 특별히 택시를 타보기로 했다. 일자로 쭉 늘어선 행렬 속에서 우리의 깐깐한 심사기준을 충족시킨 노란 택시 한 대를 붙잡았다. 신형 차 느낌이 물씬 풍기는 외관은 물론 이거니와, '손님은 왕이다'는 말을 몸소 실천하고 있는 친절한 기사 아저씨까지 보고 있자니, 우리의 선택이 절대 틀리지 않았다는 것을 알 수 있었다.

"카 역시, 더울 땐 에어컨 빵빵한 택시가 제맛이지."
"근데 기본요금이 생각보다 비싼데? 이거, 괜히 탄 거 아니야?"
"이 정도면 괜찮지. 그나저나 우리 경비 이제 얼마 정도 남았냐?"
"경비? 잠깐만, 내가 봉투를 어디에다 뒀더라."

친구의 끝말을 들었을 때 당장 택시에서 내렸어야 했다. 아니, 애초부터 저 친구에게 총무라는 직책을 맡기면 안 됐었다. 평소 칠칠찮은 성격이었기에 돈을 맡기면서도 내심 불안했었는데 아니나 다를까, 우려했던 대로 경비를 모아둔 봉투를 잃어버리는 대형 사고를 일으키고야 만 것이다.

각자의 가방과 주머니에서 박박 긁어가며 모은 돈이라곤 기본요금에 불과한 70 대만달러가 전부였다. 우리의 불안한 심리를 파악하기나 한 건지, 얄궂은 미터기는 순식간에 100달러까지 치솟았고, 우리의 이마에선 굵은 땀

방울이 비처럼 쏟아져 내리기 시작했다. 우리는 앞에 있는 택시기사의 눈치를 살피며 위기를 모면할 방법을 의논하기 시작했다.

"그냥 우리 다 같이 구걸해볼까? 돈 없으니 좀 싸게 해달라고."
"맞아, 그냥 관광객이라 말하고 좀 깎아달라고 말하면 안 되냐?"
"내가 말해볼게. 한번 깎아 달라 말하고 안 되면 근처 ATM기기에서 뽑아서 조금 더 드리던 가 그렇게 하자"

그 후로 십여 분 정도를 더 달린 끝에 택시는 최종 목적지인 타이베이 타워에 도착했고, 우리는 잠시 눈빛을 교환하고 나서 계획했던 대로 핑곗거리를 늘어놓기 위해 천천히 입을 열었다. 그런데 바로 그 순간, 택시기사는 미터기를 수정하고 나서 전혀 생각지도 못한 말로 우리를 깜짝 놀라게 하였다.

"70"
"네?"
"Only 70"

기본요금만 달라고? 우리의 바람대로 문제는 아주 수월하게 해결됐지만, 왠지 모르게 답답한 한숨만이 연거푸 터져 나왔다.
날카롭게 찔러대는 타이베이의 뜨거운 햇볕 때문인지, 아니면 이기적인 마음으로 상황을 모면하려 했던 것이 부끄러웠던 것인지.

누군가와 친구가 된다는 것

숙소 주변을 산책하고 있었는데, 웬 새끼 고양이 한 마리가 나를 졸졸 따라왔다. 아장대는 걸음으로 내게 관심을 보이는 녀석이 귀여워 머리를 쓰다듬어주려고 하는데, 갑자기 경기를 일으키며 재빨리 뒤로 달아난다. 가만히 있으면 다가오고, 쓰다듬어주려 하면 도망가고. 참 유별난 고양이라고 생각했다. 그런데 가만히 보니 내가 들고 있는 물병에 관심을 보이며 혓바닥을 날름거리는 것이었다. 그제야 이 녀석이 목이 많이 마른 상태라는 걸 알 수 있었다.

뚜껑을 열어 물을 조금 옮겨 담아 그 녀석과 가까운 지점에 물이 담긴 병뚜껑을 놔두었더니 내 눈치를 살피며 조심스럽게 다가와 혀를 할짝거리며 뚜껑에 담겨있던 물을 허겁지겁 마셔대기 시작했다. 물을 다 마신 녀석, 갑자기 내게 바짝 붙어 몸을 비비적거리기도 하고, 배를 보이며 만져달라는 시늉을 하며 온갖 재롱을 떤다. 더는 나를 두려움의 대상이 아닌, 친구로 인정해 주었다.

누군가와 친구가 된다는 건 그리 어려운 일이 아니다. 내 마음을 조금씩 표현해보자. 처음부터 일방적으로 다가가기보단, 시간과 거리를 두고 조금씩 내 마음을 전하면 되는 거다.

우연히 시작된 여행

단톡방에서 무심결에 내뱉은 한 마디가 친구들과 대만 여행의 시작이었다. 어렵게 잡은 기회를 함께 여행하는 추억으로 만들어 갔다.
낯선 세상을 여행한다는 것보다, 평범한 일상을 특별한 장소에서 친구와 함께 보낸다는 것에 대해 벅찬 감동을 받는 순간이었다. 우정을 더욱더 단단하게 만들어준 여행이 정말 고마울 따름이다.

나는 무심결에 보았다. 망고 맥주 세잔에 골아 떨어진 친구들 입가에 밝고 선명한 초승달이 새겨져 있던 것을. 꿈속에서 또 다른 여행을 하는 친구를 바라보며, 내가 할 수 있는 말이라곤 언제나 사랑한다는 말뿐이었다.

그리움을 이겨낼 힘

여행을 떠나는 길에 환하게 웃으며
앞을 향해 나아가는 것도 좋겠지만,
걸음을 멈추고 나를 배웅해준 누군가
에게 다가가 말해주고 싶다.

"잘 다녀올게. 많이 보고 싶을 거야."
어렵다기보다 진심을 표현하는 것에
아직은 어색한 나다.

내가 건넨 작은 말이 떠나는 나의 뒷
모습을 바라봐 주는 사람에겐 그리움
을 이겨낼 힘이자, 든든한 버팀목이
될 수 있다는 사실을 꼭 기억하고 싶
다.

그녀의 이름은

내 기억으로 그녀는 어딘가로 떠나는 것을 굉장히 좋아했다. 주말마다 김밥 몇 줄을 싸 들고 꽃무늬 돗자리를 챙겨 나와 내 동생의 손을 잡고 어딘가로 나들이 가는 것이 그녀의 유일한 낙이자 가장 큰 행복이었다.

어느 날, TV 드라마에서만 볼 줄 알았던 막장 스토리가 우리 가족에게 들이닥친 이후로 그녀는 더는 자신의 행복을 지탱할 수 없게 되었다. 집안은 급격하게 파탄 나버렸다.
그때부터 그녀는 자신의 의지와 상관없이 스스로 험난한 가시밭길을 걸어가는 고된 삶을 택할 수밖에 없었다.

신이 모든 곳에 있을 수 없어 만들었다는 존재. 떠올리기만 해도 가슴을 따듯하게 만들어주지만 때로는 먹먹함을 안겨주기도 하는 그런 존재. 이 세상에서 가장 연약하지만, 누구보다 강한 힘을 가진 존재. 세상에서 가장 아름다운 여자이자, 앞으로도 영원한 내 단축번호 1번인 존재.

그녀의 이름은 바로 엄마였다.

여행을 에세이하다

언젠가 핸드폰만 만지작거리고 있는 엄마는 뭘 그리 집중해서 보는 건지, 손에 있는 작은 화면만 뚫어지게 쳐다보고 있을 뿐이었다. 엄마가 보고 있던 것은 내가 여행하면서 틈틈이 보내줬던 몇 장의 여행 사진들이었다. 엄마가 여행을 좋아하는 사람이었다는 것을 까맣게 잊고 있었다. 그 후로 오랜 시간 동안 생각에 잠긴 난 곧이어 옷소매로 고여 있던 눈물을 쓱 하고 닦아낸 뒤, 책장 안에서 작은 노트 한 권을 꺼내 펼쳐 큼지막한 계획의 제목을 적었다.

'연말 프로젝트, 엄마와 함께 떠나는 여행'

그렇게 특별한 여행을 준비한 후 어느 날, 엄마에게 미리 뽑아놓은 비행기 표와 함께 여행에 대한 이야기를 조심스럽게 전달했다. 그런데 엄마는 휘둥그레진 눈으로 나를 멀뚱히 쳐다보기만 할 뿐, 아무 말도 하지 않고 계속 밥알만 우물거리고 있었다. 무슨 답변이라도 해줬으면 좋겠는데, 생각보다 시덥지 않은 반응에 괜한 이야기를 한 게 아닌가 싶어 걱정됐지만, 곧이어 어렵게 꺼낸 듯한 엄마의 한마디에 초조하던 내 얼굴에 순식간에 환한 웃음꽃이 만개했다.

"그래 기대된다, 엄마 좀 잘 부탁해."

    ：

고즈넉한 분위기, 과거와 현재가 공존하는 이상적인 풍경, 모든 거리를 지배한 수많은 음식 냄새의 향연, 그리고 마주칠 때마다 반갑게 인사해주는 친절한 현지 사람들까지. 오사카는 생면부지와도 같은 도시였지만, 왠지 모르게 전혀 낯설게 느껴지지 않았고, 오히려 친숙하고 익숙한 느낌마저 드는 도시였다. 그런 오사카에서 지켜본 우리 엄마는 이제 막 세상의 빛을 본 갓난아기 같았다. 눈앞에 뭐만 보였다 하면 항상 일관된 모습으로 좋다는 말을 끊임없이 연발했고, 사람들의 작은 손짓에도 환한 웃음으로 반응하며 현재 느끼는 여러 감정을 역동적으로 표현했다. 마찰이 빚어질 때마다, 나는 여행을 떠나기 전의 초심으로 돌아가 얽혀있던 감정의 매듭을 풀었다. 엄마 또한 언제 싸웠냐는 듯 싱그러운 미소를 보이며 내 손을 꼭 잡아주었다.

마지막 밤. 시끄럽게 반짝이는 도톤보리 강 위에서 엄마의 얼굴을 확인했다. 작은 평수의 얼굴엔 복잡한 감정의 소용돌이가 휘몰아치고 있었다. 입가엔 해맑은 미소가 번졌지만, 눈에서는 사연이 담긴 눈물이 뚝뚝 떨어지고 있었다.

여태껏 치열하고 악착같이 살아온 그녀의 힘겨운 삶이 담겨있는 정수이자 , 사랑하는 아들과 함께하는 시간에 벅찬 감동으로 만들어진 행복의 물방울이었다. 그동안 미처 보지 못했던 엄마의 주름진 눈가와 군데군데 나있는 흰머리가 유난히 사랑스럽게 느껴졌다. 이번 여행을 통해서 전부는 아니지만, 그래도 조금이나마 엄마의 소소한 행복을 되찾아준 것 같다는 생각에 이번엔 내 눈가에도 투명한 이슬이 맺히기 시작했다. 그리고 내 손등을 어루만지며 건네는 엄마의 한 마디에 나 역시 참지 못하고 결국 똑같은 눈물을 떨궈내고 말았다.

"고마워, 아들. 우리 앞으로도 쭉 행복하게 살자."

삶이란 그런 것

삶이란 사람이 목숨을 이어가며 생활
한다는 '살다'와 누군가와 인연을 맺
어 자신의 사람으로 만든다는 '삼다'
의 조화로 탄생한 합성어가 아닐까?
두 단어가 홀로서기는 두렵고 서로가
가진 부족함을 채워주기 위해.

혼자서 애쓰며 살아가기보단 누군가
와 어울림을 통해 함께 가꾸고 만들
어가는 것. 혼자 있을 때보다 둘이 함
께할 때가 더 빛나는 법. 삶이란 그런
것은 아닐는지.

恋愛成就

恋爱成就

연애 성취

The love
accomplishment

대학교 새내기 시절. 학과 친구들과 함께 견학 목적으로 중국 청도에 방문한 적이 있었다. 일과를 모두 마친 우리는 저녁밥도 거른 채, 청도에 오면 무조건 가봐야 한다는 맥주 박물관으로 부리나케 달려갔다. 도착하고 나서부터 한참이나 맥주잔 비우기에 전념하고 있었는데, 함께 온 현지가이드가 잠시 시간을 확인하더니 우리에게 이렇게 말했다.

"니 취 팔 로 마?" (자, 이제 식사하러 가시겠어요?)
알코올에 흠뻑 젖어있던 우리는 화들짝 놀라고 말았다.
   :

런던에서 처음으로 호스텔에 묵게 되던 날. 외국인들로 득실대는 호스텔은 그 당시 뚜렷한 숙박개념이 없던 내게 색다른 경험을 안겨준 특별한 공간이었다. 울렁증을 유발하는 지구촌 언어와 낯선 이방인을 바라보는 사람들의 따가운 시선을 맞아가며 프런트에 도착했다. 떨리는 목소리로 직원을 부르자 곧이어, 미소가 매력적인 여직원 한 명이 내 앞에 모습을 드러냈다.

"하이! 췌킨?" (안녕하세요. 체크인하시는 건가요?)
그녀의 한 마디에 자동으로 함박웃음이 터져 나왔고,
곧이어 흐르는 침을 닦고 난 뒤, 나는 이렇게 말했다.
"네네! 물론이죠! 맥주랑 같이 먹을게요!"

지금도 떠올리기만 하면 창피한 마음에 이불부터 감싸게 된다는,
소통의 오류로 망신살을 뻗쳤던 그렇지만 잊지 못할 여행의 날들.

Chapter 04

' 끌림 '

★

끌려가는 삶 대신
'끌림'에 충실한 삶

★

시작이 좋아

프라하는 다른 도시들과는 느낌부터가 달랐다. 건물 전체가 파손된 흔적 없이 옛 모습 그대로 보존되어 있었다. 바닥엔 장인들이 한 땀 한 땀 정성스레 작업한 것 같은 예술적인 타일들이 쫙 깔려있었다.

프라하의 흔적들을 하나씩 밟고 걸어가다가 성스러운 느낌이 나는 건물이 신기해 손을 뻗어 벽면을 훑어갔다. 손끝에서 느껴지는 거칠한 잔금들이 얼마나 오랜 세월 동안 이곳에 존재해 왔는지를 설명해준다. 프라하는 정말이지 동화 속 세상을 그대로 현실에 구현해 놓은 도시 같았다.

구시가지 광장 안에 위치한 숙소는 '야호'하고 소리지를 만큼 모든 것이 만족스러웠다. 6인실이라 하기엔 넓은 크기의 방, 내가 좋아하는 자연의 냄새가 잔뜩 배어있는 목제 침대, 그리고 창문을 열면 들려오는 깨끗하고 우아한 피아노 선율까지. 모든 것들이 내게 설렘을 불러일으켰다. 하지만 무엇보다 나를 가장 들뜨게 하였던 것은, 이 모든 것을 즐기며 하룻밤을 보내는데 겨우 10유로밖에 하지 않는다는 사실이었다. 프라하의 첫날. 시작이 좋다.

너에게 닿기를

그곳에 발을 들인 순간, 나는 무릎을 꿇었다. 그 끝을 가늠할 수 없을 만큼 높게 솟구친 천장과 알폰스 무하의 성스러운 영혼을 그대로 옮겨 놓은 것 같은 스테인드글라스가 인간이 접근하지 못할 신의 영역이라는 것을 말해주고 있었다.

신의 존재를 믿지 않는 나도 눈을 감고 양손을 모아 기도했다. 이 순간부터 주변의 모든 소음은 사라져 내 귀에 전혀 들리지 않았다. 세상에 믿을 건 나 하나밖에 없다는 이기적인 생각도 사라졌다. 잘못을 뉘우치면서, 남아있는 여행을 잘 마칠 수 있도록 도와달라는 염치없는 부탁까지 해버리고 말았다.
또한 내게 있어 소중한 모두를 떠올리며 기도했다. 동생, 친구, 엄마, 아빠까지. 나와 함께하는 모든 존재를 떠올리며 감사의 마음을 전했다.
그리고 간절하게 이뤄졌으면, 하지만 누구에게도 말하고 싶지 않은 비밀스러운 소원 하나를 마지막으로 빌었다.

수천 킬로 혹은 수만 킬로 떨어진 곳. 내 기도에 담은 진실된 마음이 모두에게, 그리고 너에게 닿기를.

하늘을 날다

숙소 진열대에 꽂혀있는 몇 장의 팸플릿이 내 눈에 띄었다. 괜찮은 식당이라도 찾아보잔 생각에 진열대를 뒤적거리다가 우연히 작은 사진이 실린 팸플릿 하나를 발견하게 되었다. 그 안에는 주먹만 한 고글을 쓴 여성이 엄지를 치켜세우며 경계선 없는 하늘 위에 떠 있는 장면이 담겨있었다. '무섭지 않을까?' 하고 걱정됐지만, 사진 속 그녀는 평생의 꿈을 이룬 것처럼 세상에서 가장 행복한 얼굴을 하고 있었다. 카운터 직원의 얼굴에 팸플릿을 들이대며 다짜고짜 말했다. "저, 스카이다이빙 하고 싶어요."

다음날 오후, 전쟁터에 나가는 것도 아닌데 왠지 비장한 마음이 생겨났다. 차로 한 시간 정도 달린 끝에 도착한 비행장. 하늘에 떠다니는 경비행기와 다이빙을 끝낸 사람들의 생생한 경험담이 설렘과 들뜸을 증폭시켜줬다.
스카이다이빙을 처음 접하는 사람들은 무조건 전문 강사와 짝을 이뤄야만 다이빙을 할 수 있는데 나는 가장 오래된 경력을 보유하고 있는 아저씨와 짝이 되었다. 눈이 마주칠 때마다 괴상망측한 표정을 지어가며 근심 가득한 내 얼굴에 밝은 웃음을 되찾아줬다.
우리를 태우고 날아오른 비행기는 다이빙 지점에 도착해 한 지점을 중심으로 빙빙 맴돌기 시작하고 잠시 후, 옆에 있는 문이 열리더니 한 팀씩 비명을 지르며 내 시야에서 사라지기 시작했다. 한 팀, 두 팀, 세 팀, 네 팀, 그리고 이제 남아

있는 사람은 나와 파트너 강사 그리고 카메라맨. 단 셋뿐이다.

"자, 이제 하늘로 날아오를 순간이야."

"저기, 잠시만 기다…"

정말 순식간이었다. 강사님은 말의 끝머리도 듣지 않은 채 내 의지와 상관없이 그대로 비행기에서 뛰어내렸다. 워낙 순식간에 뛰어내린 탓에 정신은 비행기에 두고, 몸만 그대로 떨어지는 느낌을 받았다. 상공의 고기압으로 인해 고막이 터질 듯이 아팠고, 마하의 속도로 추락하다 보니 얼굴은 중력을 이기지 못해 지점토마냥 심하게 일그러져갔다.

사람은 죽기 직전 몇 초의 시간 동안 그간의 세월을 되돌아본다는데, 나 또한 짧은 시간 동안 사랑하는 가족과 주위에 있는 모든 사람을 떠올리며 함께한 과거를 회상했다.

같이 뛰어내린 카메라맨이 계속해서 멋진 포즈를 취해달라고 요구했다. "그래, 사람 죽어 가는 사진 잘 찍어봐라"라고 말하며 떨어지는 와중에 할 수 있는 최선의 자세를 취해줬다.

낙하산이 펼쳐지자 서서히 줄어드는 속도에 주체 없이 날뛰던 심장은 점차 안정되기 시작했고 그제야 아까 미처 보지 못한 광활한 풍경들이 속속 눈에 들어오기 시작했다. 손만 뻗으면 닿을 것 같은 솜사탕 같은 구름이 이 시간을 더욱더 특별하게 만들어줬다.

이 순간, 나는 정말 하늘을 날고 있었다. 뺨을 스치는 바람을 느껴가며 가슴속에 풍경을 담고 하늘에서 주어진 자유를 만끽했다.
무사히 땅에 착륙해 의도치 않게 만들어진 올백 머리를 다시 원상복구 시키고 나서 천천히 몸을 일으켜 두발로 땅을 밟았다. 서 있을 땅이 있다는 사실이 꽤 커다란 행복으로 다가왔다.

고글을 벗고 하늘을 올려다봤다. 조금 전까지 저 높은 하늘에서 겪었던 장면들이 머릿속을 스쳐 지나가며 가슴속에 진한 여운을 남겨줬다. '한 번 더 탈까?' 라는 생각이 드는 걸 보면, 어느새 스카이다이빙이 주는 짜릿함에 푹 빠져버린 것 같다. 장비를 풀고 다시 프라하 시내로 돌아갈 준비를 하고 있는데, 카메라맨이 나를 부르며 아까 찍었던 사진들을 하나씩 보여줬다. 잔뜩 겁에 질렸을 거라는 예상과 달리, 사진 속에 있는 못난이 '나'는 세상에서 가장 행복한 얼굴을 하고 있었다. 팸플릿에서 봤던 그녀의 얼굴처럼.

너란 존재

프라하 성으로 올라가는 언덕 중간쯤에 난간이 있다. 난간에 걸터 앉아 발밑에 놓여있는 세상을 바라보면, 주황색 지붕들이 합쳐져 따듯한 동화 속 세상으로 바뀌는 장면을 목격할 수 있다. 색감 있는 풍경들이 내게 풍부한 감수성을 선물해주기 때문에 자주 들리는 장 소이다. 오늘은 커플이 먼저 와서 자리를 차지하고 있었다. 조심스 레 난간에 걸터앉아 서로의 대화에 집중하는 모습을 보고 있으니, 차마 그들의 소중한 시간을 방해할 수는 없었다. 그들은 오랜 시간 동안 꽤 많은 이야기를 나눴다. 유동적으로 변하는 표정을 보아하 니, 진지하면서도 장난스러운 대화가 오가는 것 같았다. 잠시 후, 해 가 저물며 서로의 어깨 사이가 좁혀졌고, 이내 둘은 서로의 입술을 맞추며 해피엔딩을 맞이했다.

대학교 1학년 때 문학창작 강의 시간에 교수님이 나에게 물었던 질 문이 생각났다.

"네가 생각하는 사랑은 무엇이니?"

누구나 생각하고 말하는 모든 것이 사랑의 정답이 될 수가 있겠지 만, 그 정답이 100% 완성되기 위해선, '너'란 존재가 필요한 것이 다. 누구에게나 '너'란 존재 없이는 사랑은 만들어지지 않는다는 것.

그렇게 작별했다

우연히 기차 안에서 만난 두 남녀가 서로에게 끌려 사랑을 싹틔우는 내용의 영화 〈비포 선 라이즈〉. 흥미로운 소재만큼 이나 수많은 여행자에게 있어 꿈같은 로망으로 분류되는 영화이기도 하다. 나 역시도, 여행하는 내내 영화의 한 장면이 현실로 이뤄지기를 내심 기대하고 바랬었다. 낯선 여행지에서 자신이 꿈꿔왔던 상대를 만나 영화 같은 사랑을 시작한다는 이야기. 이 얼마나 아름답고 낭만적인 이야기인가.

스카이다이빙을 하며 알게 된 사람들과 함께 클럽에 가게 된 날이었다. 클럽 앞에 도착했지만, 아직 오지 않은 사람이 있어 입장을 못 하고 있었다. 저 멀리서 누군가가 헐레벌떡 뛰어오더니 곧이어 우리 앞에 모습을 드러냈다.
"죄송해요, 제가 많이 늦었죠?"

앵두같이 빨갛던 그녀의 입술, 또렷한 두 눈동자는 블타바 강에 비친 야경보다도 아름답게 빛이 났으며, 강바람에 살랑거리는 검정 블라우스는 짙은 향기를 뿌려가며 내 마음을 그녀의 곁으로 강하게 끌어당겼다. 그녀에게 첫눈에 반했다.
클럽 안에서도 내 시선은 그녀에게 고정되어있었다. 그녀는 깊은 생각에 잠긴 사람처럼 멍하니 클럽 안을 응시하고 있었다. 나 또한 말 한 번 걸어보지 못한 채 멀찍이 떨어진 곳에서 그녀를 지켜보기만 할 뿐이었다. 고독이 느껴지는 그

녀의 뒷모습을 사진으로 남기기 위해 카메라를 들어 렌즈에 눈을 밀착시켰다. 흐릿한 초점을 또렷하게 바로잡는데 무대만 바라보고 있던 그녀가 나를 뚫어지게 쳐다보고 있는 게 아닌가? 깜짝 놀란 나머지, 카메라를 바닥에 떨어뜨렸다. 허겁지겁 떨어진 카메라를 주워들어 천천히 몸을 일으켰는데, 그녀가 내 앞에 떡 하니 서 있었다. 그녀는 오히려 싱그러운 미소를 지으며 나에게 말을 건넸다.

"뭐하고 계세요? 아까 같이 클럽 들어오신 분 맞으시죠? 그러지 말고 이쪽으로 와서 이야기나 해요."

뻣뻣해진 몸을 이끌고 그녀 옆에 위치했다. 한 뼘 정도 거리에 서 있으니 심장은 당장에라도 터질 것처럼 미친 듯이 쿵쾅거렸다. 불과 몇 달 전까지 간호사로 일해 왔다는 그녀는 여태껏 쉴 없이 바쁘게 살아온 자신에게 휴식을 선물하고자 과감하게 모든 것을 내려놓고 이 여행을 시작했다고 말했다. 우리는 잔잔한 분위기를 유지하며 깊이 있는 대화를 이어갔다. 그녀와의 대화가 길어질수록, 함께 웃는 횟수가 많아질수록, 그녀와 나 사이의 거리는 점점 더 좁혀져만 갔다. 그렇게 한참을 대화에 매진하고 있었는데, 갑자기 어디에선가 우리에겐 꽤나 익숙한 Florida의 힙합 음악이 흘러나오기 시작했고, 그 음악에 심취한 그녀가 몸을 들썩이며 내게 말했다.

"그래도 모처럼 클럽에 왔는데, 같이 내려가서 춤 한 번 출까요?"

말이 끝나기가 무섭게 그녀는 다짜고짜 내 손을 꽉 붙잡고 드라이아이스 연기로 가득한 무대 안으로 나를 끌고 들어갔다. 그녀는 유연한 몸을 바탕으로 우아한 웨이브를 내게 선보였고, 나 또한 막춤으로 그녀의 춤에 화답했다. 내 막춤이 꽤나 웃겼던 모양인지 그녀는 깔깔거리며 웃어댔고, 나는 그녀의 웃는 얼굴을 최대한 오래 간직하고 싶어 그녀의 초상화를 머릿속에서 빠르게 그려나갔다. 그녀의 얼굴이 점점 더 선명하게 각인될수록 정말 행복했다. 시끌벅적하던 클럽도 하나둘씩 사람들이 빠져나가며 점차 썰렁해지기 시작했고, 우리도 클럽을 빠져나올 수밖에 없었다.

이젠 정말 헤어져야 할 시간이다. 지금 돌아서면 영영 못 볼 수도 있다는 생각에 쉽사리 발걸음이 떨어지지 않았다.
"혹시, 괜찮으면 전화번호 좀 알려줄 수 있어요?"

그녀의 핸드폰에 내 전화번호를 하나하나 정성스럽게 입력했다. 표현하기 힘든 부끄러운 진심을 눈빛으로 전달하며 서로의 마음을 확인했다. 모든 게 좋았다. 쌀쌀한 새벽 4시의 공기, 낭만적인 까를교의 분위기, 우리를 포근하게 감싼 분홍빛 기류, 그리고 지금 내 앞에 서 있는 그녀까지도.
그렇게 작별했다.

천문 시계 탑

프라하에서 '팁 투어'라는 걸 처음 알게 됐다. 비용이 따로 정해져 있지 않아 자신의 양심과 재량에 맡겨 돈을 지급하는 독특한 방식의 투어다. 투어를 신청하지 않았지만, 일행과 동선이 겹쳐 함께 움직이게 되었다.

가이드의 화려한 언변으로 인해 투어는 화기애애한 분위기를 유지하며 진행됐다. 체코의 역사와 사랑 이야기를 진지하게 다루다가도 뜬금없이 체코보단 개 코가 좋다는 말장난으로 사람들의 광대를 아프게 하는 걸 보면, 저 가이드, 분명 프로인 게 확실했다. 그렇게 시간 가는 줄 모르고 뿌리 깊은 프라하의 역사를 세세하게 배워가다 보니 어느새 우리는 이 투어의 마지막 피날레를 장식할 천문 시계탑 앞에 도착했고, 곧이어 걸음을 멈춘 가이드가 두 팔을 활짝 펴고 우리를 바라보며 말했다.
"자, 여러분. 이제 쇼를 즐길 준비 되셨나요?"

정각이 되기까지 3분도 채 남지 않은 시간, 갑자기 광장 안에 있던 모든 사람이 카메라와 핸드폰을 꺼내 들고 시계탑 앞으로 모여든다. 분침과 시침이 겹쳐지는 순간, 두 눈을 의심케 할 놀라운 광경이 눈앞에 펼쳐졌다. 맑은 종소리가 울려 퍼짐과 동시에 시계탑의 문이 열리면서 예수의 십이사도를 본떠 만들었다는 인형들이 속속 등장해 단조로운 춤을 추기 시작했다. 각각의 개성을 지니고 있는 인형들은 약 1분이라는 시간 동안 시계탑 안과 밖을 드나들며 분주하게 움직였고, 약속된 시간이 다 되자 언제 그랬냐는 듯, 순식간에 탑 안으로 들어가 모습을 감추었다. 마치 1분 동안 중세 시대로 돌아가 한편의 뮤지컬을 본 기분이었다. 한참 동안 여운에 벗어나지 못한 채 입을 벌리고 있었다.

가이드는 삐뚤어진 안경을 고쳐 잡고 시계탑에 관련된 씁쓸한 일화 하나를 소개했다. 15세기쯤에 완성됐다는 시계탑은 당시에 재연할 수 없는 기술로 만들어져 세계적으로 큰 이슈가 되었다고 한다. 기술이 타국에 유출되길 꺼렸던 프라하 인사들은 시계탑을 만든 장인의 두 눈을 뺏어 장님으로 만들어 버렸다고 한다.

시각을 잃어버린 장인은 크게 분노해 시계가 돌아가는데 필요한 주요 부품을 제거했고, 오랜 세월이 흘러 보수에 보수를 거듭한 끝에 오늘날의 아름다운 시계탑으로 탈바꿈했다고 한다.

시간이 흘러 다시 정각이 되자 시계탑은 오랜 휴식을 끝내고, 아까와 같은 공연을 재개하기 시작했다. 화려한 쇼에 매료되어 웃음꽃이 핀 사람들과 달리 시계탑의 아픈 과거 앞에 그만 고개를 돌려버리고 말았다.

여행을 에세이하다

바람에 힘없이 꺾이는 갈대처럼
위태로워 보이지만,
어떠한 것에도 얽매이지 않고
정체성을 유지하며 그 자리를
꿋꿋이 지켜나갈 것이다.

수없이 반복되는 실수와 실패를
도약의 발판으로 삼고
보란 듯이 일어나 나의 꿈을
모두에게 증명해 나갈 것이다.

어떠한 수식어를 입혀놔도
완벽하게 소화해내고
인생의 전성기에서 힘찬 목소리로
젊음을 노래할 것이다.

나의 이름은 '청춘'

프라하에서 만난 한글

방황하는 아이처럼 목적 없이 광장 안을 떠돌아다니다 무언가를 확인하고 뒷걸음질 쳤다. 잘못 본 게 아니었다. 야외에 설치된 스탠드 메뉴판에는 "어서 오세요"라는 한국어가 또박또박한 필체로 선명하게 적혀있었다.
낯선 나라, 몇만킬로나 떨어져 있는 유럽에서 직접 두 눈으로 '한글'을 확인하게 되니 그 의미는 말로 설명할 수 없을 정도로 크고 남달랐다. 프라하와 한글의 조화라. 낯설기도 하면서 묘하게 잘 어울린다는 생각도 든다. 그다지 배는 고프지 않았지만, 그 다섯 글자의 한국말에 기분이 좋아진 나머지, 오늘 하루 경비는 전혀 신경 쓰지 않고 무작정 안으로 들어갔다. 안으로 들어서자마자 웨이트리스 한 명이 잽싸게 다가와 내게 말한다.

"Korean?"
"네"
"어서 오우세요"
어눌한 발음을 보아하니 한국인 관광객을 모으기 위해 주입식 교육을 받은 것이 틀림없었다. 메뉴선택은 매 페이지마다 친절하게 적혀있는 한국말 덕에 아주 수월하게 결정할 수 있었다. 역시나 족발 애착자인 나답게 별다른 고민 없이 체코식 족발 요리인 꼴레뇨를 주문했다.
한입 넣자마자 촉촉한 속살과 바삭한 껍데기가 조화를 이루며 훌륭한 맛을 선사해줬지만, 튀김 요리 특유의 느끼함과 많은 양을 극복하지 못한 채 반 이상을 남겨버리고 말았다.

계산하고 문밖을 나서려 하자 맨 처음 나를 맞이해준 웨이트리스가 헐레벌떡 뛰어오며 인사했다.

"어서 가세요!"

한국말로 이렇게 웃길 수 있는 사람이 몇이나 될까? 웃음이 터질 뻔한 걸 겨우 참았다. 속에 쌓인 웃음을 헛기침으로 내뱉은 뒤, 곧바로 그녀의 인사에 화답했다.

"예, 어서 계세요!"

만남으로만 가득하길

'잘 가'라는 작별인사 끝에
기약 없는 약속만을 남기고
점처럼 작아져 가는 그들의 뒷모습을 바라보며
미소를 머금은 얼굴과 달리
마음속에선 정처 없이 눈물이 흐른다.

사람과 사람이 만나는,
여행자와 여행자가 만드는,
인연의 끝자락엔
아쉬움만이 남는다.

이별이 싫다.
특히나
예고된 이별은.

형식적인 이별의 인사가 없는 ,
반가운 만남으로만 가득한

내 여행이 그랬으면
내 인생이 그랬으면
좋겠다.

의외의 선물

체코 전통 빵, 뜨레들로 하나를 먹기 위해 길을 나섰다가 방향을 잃고 한 시간째 같은 곳을 헤매던 중이었다. 표지판은 알 수 없는 체코어만이 가득했고, 길을 물어보려 접촉한 경찰들과는 의사소통 문제로 답답함만 더해갔다. 눈동자에 힘을 주며 걷고 있을 때, 건너편에서 사람들이 반원 모양으로 둘러싸고 뭔가를 구경하고 있었다.

하얀 셔츠를 입은 아저씨가 따닥따닥 붙어있는 유리잔을 섬세한 손짓으로 문지르며 몽환적인 소리를 생산해내고 있었다. 그가 만들어낸 여러 가지 소리가 공중에서 섞이고 섞여 심금을 울리는 음악으로 재탄생됐다. 생전 처음 보는 광경에 목적을 잃고, 나도 모르게 그곳에 점점 빠져들게 됐다.

참 웃기게도 그렇게 찾아 헤맸던 뜨레들로 가게는 아저씨바로 옆에 떡하니 자리 잡고 있었다. 허탈한 웃음을 짓고 안으로 들어가 뜨레들로 하나를 주문했다. 가운데가 뻥 뚫린 특이한 비주얼과 겉에 잔뜩 뿌려진 설탕 가루의 조화가 호기심을 불러일으켰다. 고개를 갸웃거리며 한입 베어 물자 촉촉한 빵과 함께 몰려오는 달콤함이 순식간에 밀려왔다. 입가에 묻은 설탕 가루를 핥아가며 통유리 너머의 세상을 바라보는데, 때마침 프라하는 어둠이 깔리기 시작함과 동시에 서서히 황금빛으로 물들어가기 시작한다. '황홀하다'라는 표현이 딱 적절한 순간이었다.

여행을 에세이하다

Carpediem

산 비투스 대성당 앞에서 황금을 일일이 쌓아 올려 만든 것 같은 고딕 건물의 압도적인 모습을 보고 있으니 문득 이런 생각이 들었다.

'나는 여태껏 뭐 하다가 이제서야 여행을 시작하게 된 걸까?'
'조금 더 일찍 시작했더라면, 지금보다 더 다채로운 감정들을 느껴가며 여행할 수 있지 않았을까?'
5년 전에 경험했던 뜨거운 첫사랑이 최근에 겪었던 풋풋한 사랑보다 더 생생하게 기억나듯, 일찍 시작한 여행이 오늘의 여행보다 더 생동감 있게 기억 될 것이라 생각했다. 아주 잠깐이지만 그 시절에 대한 그리움과 일찍 떠나지 못한 것에 대한 후회감이 밀려왔다.
'조금만, 아니 1년만 더 일찍 시작했더라면'

얼마 후, 바츨로프 광장에 위치한 작은 펍, 호스텔에서 알게 된 누나와 함께 필스너를 마시게 되었다. 그녀는 그간 살아온 세월과 연륜을 무기 삼아 첫 만남부터 나를 제압했다. 각자 묵혀뒀던 이야기를 하나씩 꺼내 드니 시간은 고삐 놓은 말처럼 아주 재빠르게 지나갔다. 그렇게 한 시간가량을 이야기하며 달아오른 얼굴을 식히고 있었는데, 갑자기 그녀가 찰랑거리는 머리칼을 뒤로 넘기며 이렇게 말했다.
"나는 왜 이십 대 끝자락에야 이 여행을 시작하게 됐을까?
조금만 더 일찍 왔더라면 더 좋았을 것 같은데 말이야."
"조금만, 아니 딱 네 나이 정도 때 왔더라면..."

그녀와 나는 과거에 떠나지 못한 자신을 탓하며 못내 아쉬워했다.

보물의 의미

구시가지 광장 근처에 있는 작은 화약 탑. 정상에 도착하면 끝내주는 장면이 기다리고 있을 거라는 지인들의 말을 믿고 올라가게 된 탑이다. 외관만으로 봤을 때, 꽤 수월하겠다고 생각했건만, 계단의 숫자는 눈으로 짐작할수 없을 만큼 엄청났고, 탑의 경사는 자비 없는 기울기를 자랑했다. 한 걸음 한 걸음 오를 때마다 온몸은 땀으로 범벅됐고, 발바닥은 뜨겁게 달구어졌다.

입에 단내를 풍기며 올라가던 중, 바람 한 줄기가 내 뺨을 스쳐 지나가는게 느껴졌다. 정상까지 얼마 남지 않았다는 것을 직감하고 남아있는 힘을모조리 쥐어 짜내 드디어 정상에 도착할 수 있었다.

고생하며 올라온 보람이 있었다. 도착하자마자 습기를 머금은 바람이 뜨겁게 달아오른 몸과 마음을 시원하게 식혀줬고, 여태껏 보지 못한 새로운 프라하의 전경이 펼쳐지며 마음에 감동을 더해줬다. 옆에 있던 외국인 커플도 꽤 큰 충격을 받았는지 들고 있던 물병을 떨군 채 입을 벌리며 정면만을응시하고 있었다.

파스텔 물감으로 칠해놓은 것 같은 색감 있는 밤하늘, 멋스러운 건물들 사이에서 소심하게 모습을 드러낸 가지각색의 골목길, 그리고 프라하 전체를포근하게 덮어준 따듯하고 화사한 조명 빛까지. 정말 황홀하다는 말이 딱어울리는 곳이었다.

눈앞의 아름다운 풍경에 집중하고 있는데, 문득 어렸을 적 봤던 어떤 만화의 이야기가 떠오르기 시작했다. 욕망에 눈이 먼 여자가 사람들을 해쳐가며 얻은 보물이 무엇인지 깨닫게 된다는 잔인하고도 참 슬픈 이야기. 만화

속 여자가 확인했던 쪽지의 내용이 무엇이었는지, 그들이 내게 말해준 끝내주는 보물이라는 게 어떤 것이었는지, 이제 조금은 알 것 같다.

제일 먼저 이곳에 도착한 당신에게 축하한다고 말해주고 싶다. 당신이 이곳에 오기까지 겪었던 모든 모험과 추억들은 이 세상 그 무엇과도 바꿀 수 없는 소중한 보물이다. 내가 말한 보물은 이 세상에 단 하나, 오로지 이곳에만 존재하는 특별한 보물이다. 하던 걸 멈추고 당장 앞을 봐라. 그리고 내가 말한 최고의 보물을 지금 바로 감상하라.
-명탐정 코난 중에서-

여행을 에세이하다

그렇게 우리는 친구가 되었다

더위를 피해 카페 안으로 들어갔다. 사실, 더위를 피하기보단 와이파이를 이용하는 것이 주된 목적이었다. 아이스라떼로 목을 축이며 핸드폰을 꺼내 평소 즐겨 보던 여행카페의 글들을 하나씩 구독해나갔다. 손가락을 바삐 움직이며 타인의 여행기를 감상하던 중, 우연히 프라하로 시작되는 제목의 글을 하나 발견했다. 자세히 읽어보니 오늘 밤, 함께 프라하 야경을 보러 갈 동행을 구하는 내용이 담겨져 있었다. 안 그래도 오늘이나 내일쯤 그곳에 갈 계획이 있었고, 혼자보단 여럿서 가는 것도 나쁘지 않을 것 같단 생각에 좀 이따 합류하겠다는 메시지를 남기고 숙소로 돌아왔다. 방전되기 직전인 카메라와 휴대폰에 새 생명을 불어넣은 뒤, 약속 시간에 맞추어 밖으로 나섰다.
약속장소에 도착하니 6명 정도로 구성된 무리가 제일 먼저 눈에 들어왔다. 두리번거리며 누군가를 찾는 모습이 딱 봐도 나를 기다리고 있는 일행들이라는 걸 알 수 있었다. 다들 첫 만남이라 그런지 딱딱하고 서먹한 분위기가 주변을 가득 메우고 있었다. 어색한 웃음으로 간단한 대면식을 마치고나서 목적지를 향해 천천히 걸어갔다.

이런저런 이야기를 주고받으며 걷다보니 어느새 프라하 성으로 가는 마지막 관문인 가파른 언덕에 도착할 수 있었다. 언덕의 절반정도 올라 왔을 때, 갑자기 일행 중 누군가가 크게 소리를 지르며 찰진 비속어를 내뱉었다. 전혀 예상치도 못한 타이밍에 들려온 정겨운 욕 한마디에 모두가 호탕한 웃음을 터트리며 맨 처음에 갖고 있던 생기 있는 얼굴을 되찾았다.

역시나 고생 끝에 올라온 프라하성은 우리를 실망시키지 않았다. 오히려 전에 봤던 것보다 훨씬 더 멋진 모습으로 지친 우리에게 활력을 불어 넣어줬다. 그때부터 우린 동네친구마냥 소소한 말장난으로 서로를 놀리기도 했고, 다 같이 구상해 놓은 상징적인 포즈를 취해가며 함께 사진을 찍기도 했다. 그렇게 웃고 떠들다보니 눈 깜짝할 사이에 계획했던 시간이 모두 지나가있었다. 이제 슬슬 내려갈 준비를 해야 했지만, 우리는 어렵게 성사된 이 특별한 만남을 이렇게 쉽게 끝내고 싶지 않았다.

작별을 뒤로 미루고 나서 늦게까지 운영한다는 펍에 찾아 들어갔다. 아무도 없는 한적한 분위기가 수다 떨기에 안성 맞춤인 곳이었다. 웨이터가 주문을 받으러 오자 다 같이 입을 맞춘 것처럼 동시에 "코젤 다크"(체코 흑맥주) 라고 크게 외쳤다. 이 친구들, 정말 보면 볼수록 정이 가는 사람들이다. 주문한 음식이 나오는 동안 이 여행을 시작하기 위해 겪었던 고생담으로 대화를 시작했다. 우리는 알코올이 섞인 침을 튀겨가며 계속해서 수다에 몰두했다.

만난 지 불과 몇 시간도 채 안됐지만, 나는 이미 이 친구들의 매력에 푹 빠져버린 상태였다. 여행을 좋아하는 교집합을 제외한다면 외모, 성격, 가치관 등 어느 것 하나 일치하는 것이 없는데, 첫 만남부터 이렇게 스스럼없이 친한 친구가 될 수 있다는 게 신기할 따름이었다. 확실히, 여행자의 신분에서 만난 인연들은 표현 못 할 무언가가 존재하는 것 같다. 하루가 변한 프라하의 밤, 나는 오늘 소중한 친구들이 생겼다.

About time

'금'이라 불리 우며, 또 다른 누군가에겐 '신'이라 정의되는 존재.
적어도 생(生)을 부여받은 대상에게 있어 가장 중요시되는 존재.
엎지른 물과 같아, 한번 지나가면 절대로 되감지 못하는 존재.
우리의 삶에 있어 절대적인 주도권을 쥐고 있는 존재.
'영원'이라는 말을 무의미하게 만들어 버리는 존재.
불가능한 경계선을 아주 쉽게 허물어 버릴 수 있는 존재.
쉽게 볼 수 있지만, 절대 잡을 수 없는 존재.

About time.

뭐 어쩌겠나.
아무리 좋든 싫든 간에
시간은 지금도 유유히 흘러가고 있는데.

자연스럽게 흘러가게 내버려 둬야지.
시간의 흐름 속에서 최대한 행복하게 유영하며
하루하루를 살아야겠다.

Chapter 05

'행복'

★

커피 맛이 주는
작은 행복처럼
달콤한 여행

★

어디로 사라진걸까

5평 남짓한 공간 안에 비집고 들어선 3층 침대 한 쌍, 지지
직거리는 소리를 내며 위태롭게 깜빡이는 조명등 그리고 홀
로 외롭게 앉아 있는 나. 야간기차는 마치 달리는 감옥과도
같았다. 사방팔방 날아다니는 먼지와 목적지까지 앞으로 12
시간이나 남았다는 안내방송은 현재 내가 얼마나 고통받고
있는지를 설명해준다.

핸드폰 배터리도 다 되어 할 것도 없어 딱딱한 침대 위에 누
워 억지로 잠이라도 청하려고 하는데, 기가 막힌 타이밍에
한 가족이 문을 열어 재끼며 안으로 들어온다.
뚜렷한 이목구비와 짙은 갈색에 가까운 피부 톤, 그리고 알
록달록한 패턴으로 이루어진 사리를 걸친 모습을 보아하니
딱 봐도 인도에서 온 사람들이라는 것을 알 수 있었다. 이
지루한 시간을 함께 이겨나갈 말동무가 생겼다는 사실에 기
뻐 활짝 웃으며 그들을 반갑게 맞이했다.

무슨 일인지, 그들은 나를 힐끔 쳐다보기만 할 뿐, 아무런
말도 하지 않은 채 조용히 각자의 침대 위로 올라갔다.
너무 작게 말해서 그런 걸까? 이번엔 손까지 크게 흔들어대
며 반갑게 인사했지만, 그들은 여전히 아무런 대꾸조차 하
지 않고 묵묵히 각자의 침대 위에서 짐 풀기에 열중하고 있
을 뿐이었다. 살짝 마주친 눈빛을 보아하니 나를 경계하고
있는 것이 틀림없었다.

악담보다 더 무서운 게 묵묵부답이라고 했던가? 마치 나를 투명인간 취급하는 것 같은 그들의 행동에 무안함을 느껴 재빨리 벽 쪽을 향해 돌아누웠다. 부스럭거리는 소리와 각기 다른 길이의 숨소리, 그리고 숨 막히게 조여 오는 지독한 고요함. 시끌시끌한 분위기를 선호하는 내게 있어 현재 이곳은 지옥과 마찬가지였지만, 다르게 생각해보면 아무것도 신경 쓰지 않고 잠들기에는 최적의 조건이었다.

그 후로 얼마나 잠들었는지 모르겠다. 살랑거리는 커튼 사이를 비집고 들어온 햇살에 저절로 눈이 떠졌다. 시곗바늘은 어느새 도착시각에 가까워져 있었고, 스쳐 지나가는 창밖의 풍경엔 밀라노라 적혀있는 표지판이 하나둘씩 나타나기 시작했다. 하지만 그들은 없었다.

마치 나를 피해 존재 자체를 지운 사람들처럼 작은 머리털 하나조차 찾아볼 수 없었다. 그들 중 누군가가 머물러있던 자리에는 미지근한 콜라 한 병과 삐뚤빼뚤한 이빨 자국이 찍혀있는 작은 비스킷 하나가 놓여있을 뿐이었다.
과연 그들은 어디로 사라져버린 것일까? 12시간이라는 긴 시간 동안 제대로 된 말 한마디조차 나누어보지 못한 것이, 유난히 아쉽게 느껴진다.

아날로그 여행을 하는 남자

세계적인 축구팀 AC 밀란과 인터밀란의 연고지이자, 파리와 더불어 최고의 패션 피플로 가득한 도시. 내가 아는 밀라노 전부였다.

밀라노에서 주어진 시간은 단 3시간뿐이었다. 여행하기엔 턱없이 부족한 시간이었지만 피렌체로 가기 위해 잠시 쉬어가는 곳이기도 했고, 처음부터 생각해놓은 도시는 아니었기에 아쉽게 느껴지진 않았다.

밀라노역 근처에서 시간을 보내던 중 우연히 한 남자를 발견했다. 푹 눌러쓴 빵모자와 성인 남성치고는 아담한 덩치 그리고 더운 날씨와 전혀 매치 되지 않는 검은색 바람막이. 전날 야간열차에서 잠깐 마주쳤던 한국 남자인 게 분명했다. 반가운 마음에 곧장 달려가 정중하게 인사했고, 그도 나를 알아본 것인지 밝은 미소로 내 인사에 화답했다. 그 역시 경유 차원에서 밀라노에 들렀고 몇 시간 후에 베네치아로 떠난다고 말했다.

그래도 이탈리아에 처음 왔는데, 파스타는 먹어줘야 하지 않겠냐는 공통된 의견에 따라 가까운 레스토랑을 찾아 들어갔다. 내부는 좀 허름하긴 했지만, 안에서 풍겨오는 토마토 냄새가 그 허름함을 몽땅 잊게 할 정도로 달콤했다. 자리에 앉아 버섯 올리브 파스타와 토마토소스 라자냐를 주문했다. 버섯 올리브 파스타는 입에 넣자마자 표정이 일그러지며 '웩' 소리가 튀어나왔고, 라자냐는 너무도 평범한 맛이었다.

여행을 에세이하다

접시 비우기에 집중하고 있을 때, 갑자기 그가 테이블 위에 놀라운 물건들을 꺼내 놓았다. 이 시대에서 멸종된 줄만 알았던 '가로 본능'과 오른쪽 윗부분이 살짝 찢긴 '종이지도'가 그 주인공이었다. 그는 여태껏 이 두 가지만으로 여행을 했다고 한다. 디지털 기기가 삶의 일부로 자리 잡은 정보화 시대에서 아날로그 향이 물씬 풍기는 물건들만 가지고 해외여행을 하다니, 스마트폰이 없으면 아무것도 못 하는 내게 그의 한 마디는 포크질을 멈추게 할 만큼 꽤 충격으로 다가왔다. 숙소나 교통편을 예약할 때, 그 나라에 대한 정보를 찾아볼 때와 같이 스마트폰과 같은 디지털기기가 여행에서 관여하는 비중은 상당하다. 하지만 그는 앞서 말한 것들에 전혀 의존하지 않고, 해외에선 그저 시계나 마찬가지인 폴더 폰과 누렇게 변색한 종이지도, 그리고 오로지 자신의 힘만으로 꿋꿋하게 여행을 하고 있었다. 불편하지 않냐는 내 질문에 오히려 자신만의 특별한 여행을 개척해 나가는 것 같아 뿌듯하다는 답변으로 다시 한번 나를 놀라게 했다.

기차 시간에 맞춰 다시 밀라노 역으로 돌아왔다. 평소처럼 스마트폰을 꺼내 드는 나완 정반대로, 그는 꼬깃꼬깃 접힌 지도를 펼쳐 다음 목적지를 점검하고 있었다. 볼펜을 딸깍 거리며 지도에 집중하는 그의 뒷모습에서 내가 아는 위대한 탐험가의 모습이 살짝 보이는 것 같다.

겨울 그리고 다시 겨울이 지났다

봄에 우리는 처음 만났다. 분홍빛을 띠던 네 뺨은 어떤 꽃보다 예뻤고, 풍겨오던 향기는 심장을 자극하며 벅찬 설렘을 주었다. 내 손은 네 손에 다가가길 원했고, 네 손은 내 손이 붙잡아주길 원했다. 나는 네가 참 좋았다. 웃을 때마다 고개를 숙이며 표정을 감추는 모습도 좋았고, 빵빵한 볼에 묻어있던 몇 줄기의 머리카락도 사랑스러웠다. 어딘가에서 시작된 따사로운 봄바람에 감미로운 노래를 실어 너에게 내 마음을 고백했다.

여름, 우리의 사랑보다 뜨거운 것은 없었다. 네 덕분에 키스도 뜨거울 수있다는 걸 알게 되었고, 열정적인 사랑의 의미가 무엇인지도 깨닫게 되었다. 한여름 밤에 꿈을 꾸듯이 행복했고, 8월의 온도보다도 더 뜨겁게 사랑했다.

가을은 시련의 시작이었다. 낙엽처럼 서로에 대한 감정도 바스락거리는 소리를 내가며 하나씩 형태를 잃고 사라졌다. 단풍잎이 색을 잃는 것처럼 우리의 빨갛던 사랑도 본연의 색이 사라지기 시작했다.

"겨울이 끝나고 쌓인 눈이 다 녹으면, 그때 다시 돌아올게"
겨울에 너는 이 한 마디를 남긴 채, 내 곁을 떠났다. 겨울이 지나면 돌아온다는 너의 말을 굳게 믿었다. 아니, 믿어야만 했다.

솔직히 떠나는 네 얼굴을 본 순간, 나는 이미 알고 있었을 것이다.

겨울 그리고 다시 겨울이 지났다.

달콤한 여행

밖에 진열된 알록달록한 사탕에 이끌려 들어간 카페는 이제 피렌체에서 자주 가는 단골 카페가 돼버렸다. 미녀 점원은 나를 기억하고는 보자마자 손을 흔들며 늘 앉던 자리로 안내해준다.

노트 한 권과 커피 한 잔만 올릴 수 있는 작은 테이블 때문에 가방을 안아야 하는 불편함이 있지만, 바로 앞에서 검정 셔츠를 입은 바리스타들이 에스프레소를 내리는 모습을 볼 수 있기에 나름 명당이라고 생각했다.

자리에 앉아 사람들의 얼굴을 관찰하고 있는데, 수염이 무성한 바리스타와 눈이 마주쳤다. 그는 잠시 턱수염을 쓰다듬고는 금색 포장지로 감싼 초콜릿 두 개를 내 앞에 살포시 내려놓고 다시 커피를 내렸다. 숙소에서 먹으려고 가방에 넣자, 이번엔 다른 바리스타가 온화한 미소를 지으며 똑같은 초콜릿을 내 앞에 내려놓았다. 정이 많은 사람들, 하루에 한 번씩은 꼭 들릴 수밖에 없다.

이곳에서 가장 좋아하는 커피는 달콤한 초콜릿과 쌉싸름한 커피의 케미가 인상적인 초콜릿 커피다. 솔직히 핫초코라 해도 될 만큼 커피 맛은 전혀 느껴지지 않지만, 소량의 에스프레소가 포함되어 있으니 커피가 맞다고 한다. 아무튼, 커피의 쓴맛을 싫어하고 코코아의 단맛을 사랑하는 내겐 인생 커피다. 커피 위에 둥둥 떠다니는 얼음이 녹으면서 과하다 싶은 단맛을 중화시켜 새로운 맛을 만들어내기 때문이다. 반짝거리는 티스푼을 빙빙 돌려가며 커피를 휘저었다. 중앙에 형성된 소용돌이가 사라질 때 천천히 잔을 들어 한 모금 맛을 봤다. 역시나, 늘 먹는 거지만 두 눈을 감기게 할 만큼 품격 있는 맛이다.

초콜릿 하나를 입에 넣고, 노트를 펼쳐 이런저런 글들을 적어 내려가다가 문장 하나가 뚜렷이 남았다. '달콤한 커피 맛이 주는 작은 행복을 느껴가며 여행하고 싶다.'

정말로 행복해 보인다

하루는 피사를 여행하면서 친구들에게 근황도 전할 겸 피사의 사탑 앞에서 찍은 내 사진을 보내준 적이 있다.

중2병 걸린 애처럼 온갖 허세를 두르고 점프하는 순간을 포착한 사진이었는데. 역시나 예상대로 반응은 무척이나 사나웠다.

"네가 한두 살 먹은 애냐?"
"어이구, 철 좀 들어라"
"그런데 얼굴은 왜 이렇게 탔어? 아프리카 원주민인 줄 알았네."
"그나저나 굶고 다녀? 너무 초췌해졌다."
"도대체 여행하러 간 거냐? 막노동하러 간 거냐?"
"얼굴에 고생한 흔적이 가득하다"

그런데 말이다. 그렇게 사나운 말들이 달려드는 와중에도, 수많은 걱정이 오가는 와중에도, 끝에는 하나같이 다들 이렇게 말해주더라.

"그래도 너 지금 정말로 행복해 보인다."

비가 오는 날이면

두오모 성당 근처. 갑자기 소나기가 쏟아지는 바람에 주변에 있던 모든 사람이 지붕 달린 건물 밑자락으로 부리나케 모여들었다. 비는 점점 더 거세게 내려왔지만, 이런 사태를 대비해서 항상 우산을 소지하고 다녔기 때문에 이보다 큰 폭우가 쏟아진다고 해도 내게 큰 지장은 없었다. 요 며칠간 좁은 가방 안에 봉인해놓았던 접이식 우산을 꺼내 들고 숙소로 돌아가려 하는데, 바로 옆에서 홀딱 젖은 몸으로 오들오들 떨고 있는 한 남자와 눈이 마주쳤다. 그의 떨리는 눈빛은 '너무 추워요, 빨리 집에 가고 싶어요.'라고 내게 말하는 것 같았다. 여행이 끝나가는 시점이기도 했고, 무엇보다 숙소까지 뛰어가면 길어봤자 5분 정도밖에 걸리지 않았기 때문에 그에게 내 우산을 건네주기로 마음먹었다. 갑작스러운 호의에 아주 당황스러웠는지 그는 멀쩡한 우산을 몇 번 만지작거리더니 곧이어 굳게 닫혀있던 입을 열며 이렇게 말했다.

"CI vediamo domani alle sei."

그 수많은 언어 중 하필이면 이태리어라니!
무슨 말인지 몰라 고개를 갸우뚱 거렸는데,
이번엔 그가 핸드폰을 꺼내 들고 번역기를 돌려
자신이 하고자 했던 말을 내게 다시 보여줬다.

"내일 6시에 다시 만나요."

그가 꺼낸 짧은 문장 속에는 내일 나와 다시 만나고 싶어 하는 마음, 내게 다시 우산을 돌려주고 싶어 하는 마음, 그리고 내게 보답할 기회를 달라고 하는 마음을 엿볼 수 있었다. 굳이 우산을 돌려받을 필요는 없었지만, 용기 내어 꺼낸 그의 진심을 단칼에 거절할 수는 없는 노릇이었다. 그리고 다시 만날 때는 분명 좋은 친구가 될 수도 있겠다는 생각이 들었다. 그의 말대로 다음날 이곳에서 다시 만나기로 약속하고 나서 나는 서둘러 비 사이를 뚫고 숙소로 달려갔다.

하지만 갑작스럽게 변경된 일정으로 나는 아침 일찍 로마로 떠나야만 했다. 새벽바람을 맞아가며 역으로 향하는 발걸음이 유난히 무겁게 느껴졌다. 정들었던 피렌체를 떠나야 한다는 아쉬움보다도 온종일 두오모 성당에서 나를 기다리고 있을 그를 생각하니 상당한 죄책감이 몰려와 내 발걸음을 점점 더 무겁게 만들었다. 잠깐이라도 만났으면 참 좋았을 텐데, 짧은 작별인사라도 전했더라면 적어도 내 맘이라도 편했을 텐데, 결국 그와의 약속을 지키지 못한 채, 나는 큰 미련을 떠안고 로마행 기차에 몸을 실었다.

비가 오는 날이면,
문득 그날의 기억이 떠오르곤 한다.

여행을 에세이하다

다시 만날 수 있을까

여행은 여기서 끝이 났지만,
인연이 여기까지라는 말은 아니다.
낯선 나라에서 만난 이름 모를 당신.
함께 만들어 간 아름답고 소중한 추억들.

오늘도 나는, 그날 밤 당신과 함께 만들었던
추억속에서 여전히 벗어나지 못한 채
그리움에 젖은 하루를 살아가고 있다.

어떻게 잊을 수 있을까?
희미한 달빛 아래서 나누었던
우리의 짙은 약속을.
숨결이 닿는 거리에서 나누었던
조금 수줍은 진심을.

나는 여전히 믿고 있다.
지금처럼 그날을 그리워하고,
당신과의 약속을 잊지 않고 살아가다 보면

우연을 가장한 운명처럼
또 다른 세상 속에서
만나게 될 수 있다는 것을.

뜻밖의 행운

밀라노에서 피렌체로 이동할 기차에 올라타려고 하는데, 내 표를 확인한 역무원이 다짜고짜 내 손을 붙잡고 어디론가 데려간다. 그를 따라 이동한 곳은 다름 아닌 First Class. 바로 일등석 칸이었다. '왜 나를 여기로 데려온 거지?'라고 생각하며 내 손에 있는 기차표를 다시 한번 확인했는데, 글쎄, 내 기차표 맨 위편에는 1'Class라는 영문자가 자그마한 글씨로 흐릿하게 새겨져 있었다. 몇 달 전에 귀찮다는 이유로 꼼꼼히 확인하지 않고, 대충 예약했던 내 모습이 눈에 훤하다.

얼떨떨한 마음으로 1등석 기차에 올라탔다. 품위 있는 사람들과 품격 있는 내부 분위기. 보기만 해도 푹신함과 안락함이 느껴지는 좌석 시트. 무료로 제공되는 고급스러운 샴페인과 바삭한 크래커를 음미하며 빠르게 스쳐 지나가는 풍경을 하나씩 감상한다.

때로는 내가 저지른 작은 실수가 뜻밖의 행운이 되어 돌아올 때가 있다.

여행을 에세이하다

가끔 그 날이 그리워

가끔 그날이 그립다. 엄마, 아빠가 만들어준 팔 그네를 타며 놀이동산에 갔던 그 날. 100점 맞은 시험지를 펄럭이며 온 동네를 누비고 다니던 그 날. 친구들과 옹기종기 모여앉아 공짜 떡볶이를 배불리 먹었던 그 날. 서로의 품에 안겨 영원한 우정을 약속하고 작별했던 졸업식 날. 오랜 사랑을 약속한 사람과 첫 키스를 나누던 날. 그리고 그 사람과 마지막 인사를 나누며 이별하던 그 날까지도.

돌이켜보면 정말 눈부실 정도로 아름다운 추억들이었다. 지금 떠올려 봐도 바로 어제 일처럼 생생하게 기억나는데. 이젠 껴안을 수 없는 과거의 한 장면이 되어버렸다는 사실이 짠한 그리움으로 찾아와 눈시울을 붉히게 한다.

안녕? 내게 싱그러운 향기를 선물해주던 그 날의 모든 존재들. 나를 보며 반갑게 손 흔들어주던 그 날의 모든 인연들.

소매치기

로마는 어김없이 뜨거웠다. 강렬한 햇살로 인해 눈 뜨는 것조차 쉽지 않았다. 목이라도 축이자는 생각에 근처 마트에 들려 시원한 콜라 한 병을 샀는데 어디에 부딪혔는지, 뚜껑을 따자마자 분수처럼 거품이 쏟아져 나왔다. 사방팔방에 튄 콜라를 닦기 위해 가방 안에 있는 물티슈를 꺼내려고 하는데, 뭔가 이상했다. 분명히 아까 닫혀있던 가방 문이 반쯤 열려있었다. 잠시 어리둥절하다가 어느 순간에 정신이 번쩍 들었다. 이탈리아에선 가방은 무조건 앞으로 메라는 여행자 속담까지 생각났다. 설마 하며 가방을 탈탈 털어 내용물을 확인하는데, 아뿔싸! 핸드폰이 사라졌다. 다시 한번 샅샅이 찾아봤지만, 핸드폰은 하늘로 증발한 듯 흔적없이 사라진 지 오래였다. 설마 했는데 남 일이라고만 생각했던 소매치기를 당한 것이다. 짜증과 분노가 스멀스멀 올라오기 시작했다.

일단 복잡한 마음도 정리할 겸 일찍 숙소로 돌아왔다. 방 침대에 누워 답답한 마음에 양손으로 머리를 쥐어 감쌌다. 그렇게 한참이나 혼자서 끙끙 앓고 있었는데, 문득 출국 전에 신청했던 여행자 보험이 생각났다. 핸드폰을 되찾는 기적 따위는 일어나지 않겠지만, 그래도 약간의 보상이라도 받을 수 있었기에 무거운 발걸음을 이끌고 근처에 있는 경찰서로 출발했다.

5분 정도 걸은 끝에 도착한 테르미니 역 경찰서. 강한 억양의 이탈리아어에 배가 볼록 튀어나온 경찰관은 핸드폰을 도난당했단 말이 끝나기도 전에 따라오라는 손짓을 보여줬다. 그를 따라 도착한 곳은 가운데 위치한, 테이블을 제외하면 정말 아무것도 없는 단출한 방이었다. 의자에 앉아 애꿎은 손톱을 정리하며 시간을 보내고 있을 때, 그가 따끈따끈한 서류 한 장을 들고 다시 내 앞에 나타났다. 서류 머리 부분에는 도난증명서라는 글자가 큼지막하게 적혀있다. "설마 외국 경찰서에 와서 도난증명서까지 쓰게 될 날이 올 줄이야.", 아무리 생각해봐도 이해가 안 되는 상황에 머쓱한 웃음을 짓고 머리를 몇 번 긁적였다.

유아 수준인 내 영어 실력과 번역기의 힘을 빌려 간단명료한 4줄의 문장을 완성했다. 서류 한 장에 모든 힘을 다 쏟은 기분이다. 경찰관은 서류를 훑어보곤 별문제 없다는 듯 고개를 몇 번 끄덕거렸다. 그리고 다음부턴 조심하라는 말과 함께 복사한 서류를 내 손에 쥐여줬다.

그제야 긴장으로 잔뜩 뭉쳤던 어깨가 쫙 풀렸고 안도의 한숨을 터져 나왔다. 불과 몇 시간 전까진 온갖 육두문자를 내뱉을 만큼 짜증범벅인 사건이었는데, 지금 돌이켜보니 짜증은커녕 호탕한 웃음부터 나오는 좋은 추억이 된 것 같았다. 경찰서를 빠져나와 쨍쨍한 하늘을 향해 크게 소리쳤다.

"고장 난 핸드폰 잘 써라 이놈아!"

Dear Grandfather

여행준비에 정신없었던 4월의 어느 날. 갑작스러운 소식을 접하게 되었다. 나무 단상 위에 놓여있던 할아버지의 색 없는 사진을 바라보면서, 감정에 복받쳐 나오는 눈물을 도저히 참을 수가 없었다. 정말 아쉬웠다. 세월이 흘러 누군가를 떠나보내야 한다는 건 세상의 당연한 이치인데, 당연함을 부정하고 원망하며 눈물을 쏟았다. 앞으로 보여줄 것도 넘쳐나고, 들려줄 이야기는 끝도 없이 많은데, 하늘을 보며 원망하기도 했다.

항상 할아버지의 얼굴을 가슴속 깊이 새겨두고 기억한다고 다짐했건만, 여행의 달콤함에 취해 그동안 할아버지를 까맣게 잊고 지내 왔다.
문득 할아버지와 마주 앉아 바둑을 두며 깊은 대화를 나눴던 그 날이 생각난다. 내가 첫 여행을 떠난다고 했을 때, '여행은 그저 즐기러 가는 것이 아니라, 깨달음을 얻는 배움의 활동이다.' 열심히 돌아다니며 많은 것을 보고, 배우고, 느끼고 오라고 한 할아버지의 말씀이 지금도 생생하다.

아직 많은 것을 배우고 느끼진 못했지만, 이것 하나만큼은 느끼고 있는 듯하다. '세상은 장기전 끝에도 다 못 두었던 바둑판만큼이나 무지하게 넓다는 것과 세상은 눈부실 정도로 아름답다는 사실'을.

여행을 에세이하다

"헐, 대박"

자동반사적으로 내숭 없는 감탄사가 튀어나왔다. 여행객들 사이에서 '핫 플레이스'로 통하는 티라미슈 가게 '폼피'를 찾아다니다 우연히 도착한 스페인 광장은 처음 마주한 순간부터 내 마음을 단번에 매료시켰다. 건조한 광장에 촉촉한 수분을 채워주는 분수대, 이 공간을 달콤하게 적셔주는 향긋한 젤라또 냄새, 당장에라도 오드리 햅번이 튀어나와 춤을 출 것 같은 멋스러운 광장의 계단까지. 내셔널 갤러리 이후로 이렇게 내 맘에 쏙 드는 장소는 정말 오래간만이었다. 그 모습이 좋아, 분위기가 좋아, 이곳에 존재하는 모든 것이 좋아, 그 날 이후 나는 단 하루도 거르지 않고 스페인 광장에 들려 출석 도장을 찍었다.

설렘은 곧 익숙함이 될 것이다. 익숙함에 길들이다 보면, 어느 순간부터 점점 더뎌지고 무뎌질 것이다. 그래서 나는 조금씩 익숙해지기로 했다. 첫 만남부터 모든 감정을 쏟아붓지 않기로 했다. 처음 마주한 순간 단번에 익숙해지고 모든 정을 쏟아내다 보면, 금방 지겨워하고 심지어 미워할 수도 있기 때문이다. 아주 조금씩 그리고 또 천천히.

로마를 떠날 수 없는 이유

산탄젤로 다리 근처에서 어떤 할아버지를 만났다. 그는 로마에서 처음 세상의 빛을 본 이후, 수십 년이 지난 지금까지도 쭉 로마에서만 사는 로마 토박이였다. 그는 어쩌다 한 번씩 떠나는 가족여행을 제외하면, 정말 단 한 번도 로마에서 벗어난 적이 없을 정도로 이 도시를 끔찍하게 아끼고 사랑했다. 그런데 참 아이러니하게도 축구에 있어서만큼은 로마가 아닌 토리노를 연고지로 하는 유벤투스의 골수팬이라고 한다. 계속해서 굵은 침방울을 튀겨가며 로마를 자랑하는 그에게 내가 물었다.

"어째서 지금까지 로마에서만 살고 계시는 거예요? 로마가 나쁘단 건 아니지만, 저는 그보다 더 멋진 도시들도 많다고 생각하는데요."

그러자 그가 가소롭다는 듯, 콧방귀를 뀌며 이렇게 대답했다.

"조금만 기다려봐. 이제 곧 그 이유를 알게 될 테니까."

들고 있던 맥주 캔에서 짤랑거리는 소리가 날 무렵, 갑자기 그가 다급하게 내 팔을 치며 어느 방향을 가리켰다. 그의 손가락 끝을 따라 가보니, 무게감 있는 어둠 아래서 황금빛 이불을 덮은 로마의 야경이 눈앞에 펼쳐졌다. 투시도법을 적용한 성 베드로 성당은 아름다운 매력을 발산하였고 그 옆에 서 있는 천사의 성은 당장에라도 천사 동상이 날개를 펼쳐 하늘로 날아오를 것 같은 착각을 불러일으켰다. 고개를 돌릴 때마다 새로운 장면으로 나를 반겨주는 로마는 모든 문장마다 느낌표를 붙이기에 충분한 도시였다. 세계에서 가장 아름답다는 부다페스트 야경을 본 적은 없지만, 로마는 그것에 견주어도 전혀 꿀리지 않을 정도로 아름답고 훌륭한 자태를 지니고 있었다. 그리고 바로 그때, 나와 눈이 마주친 그가 으쓱한 표정을 지으며 말했다.

"이제 알겠지? 내가 로마를 떠날 수 없는 이유를."

여행을 에세이하다

비행기를 놓치다

창문을 열어 바깥 공기를 들이마셨다. 온몸에 퍼지는 산소가 상쾌한 아침의 시작을 알렸지만, 이제 곧 이곳을 추억 속에 묻어두고 떠나야 한다는 생각에 한숨이 나왔다.

무덥던 로마는 셔츠 한 장 걸치기에 딱 좋은 날씨로 변했다. 간지러운 햇살을 맞아가며 공항으로 가는 버스 시간을 확인하기 위해 잠시 테르미니 역에 들렀다. 대충 곁눈질로 확인해본 결과, 공항행 버스는 매시 정각마다 한 대씩은 배치된 듯했다. 비행기가 저녁 시간인 것을 고려해서 넉넉하게 6시 버스를 타기로 했다.

출발시간까지 꽤 많은 시간이 남아있었기에, 다시 한번 여유롭게 로마를 여행하기로 했다. 저번에 사람이 많아 들어가 보지도 못했던 식당에서 해물 리소또와 사과 맛 샴페인도 맛봤고, 아기자기한 기념품 가게에 들려 지인들에게 선물할 포켓 커피도 한가득 샀다. 즐겁게 지내다 보니 시간은 벌써 버스 출발시각에 가까워져 있었고, 나는 아쉬운 입맛을 다시고 나서 서둘러 테르미니 역을 향해 걸음을 재촉했다.

테르미니역은 많은 사람으로 붐볐다. 지갑을 꺼내고 나서 아까 봐둔 6시 버스표를 끊기 위해 전광판을 올려다봤다. 그런데 그동안 겪었던 사건사고와는 비교할 수 없을 정도의

커다란 시련이 내게 들이닥쳤다. 알고 보니 낮에 확인했던 버스 시간은 공항이 아닌 베네치아로 향하는 버스였고, 나는 그 버스 시간을 잘못 확인한 바람에 공항은커녕 역 안에서 꼼짝없이 갇혀버린 신세가 되어버렸다.

여행하면서 수많은 사건 사고를 겪어봤고, 그것을 극복하는 과정에서 나름대로 야무진 사람이 되었다고 자부하고 있었는데 언제부턴가 신중해야 할 일을 대충 하기에 이르렀고, 결국 너무 나태해져 버리는 바람에 이런 참담한 결과를 스스로 만들어내고 만 것이다. 순전히 내 잘못으로 빚어진 사태이기에, 그 누구를 탓할 수도 없는 노릇이었다.
한참 동안 발을 동동 굴려 가며 다음 버스가 오기만을 애타게 기다렸고, 제시간이 되자 쏜살같이 버스 창구로 달려갔다. 달달 거리며 달리는 버스가 문제인 것인지, 불안한 내 마음이 문제인 건지, 지진이라도 난 것처럼 다리가 심하게 떨려왔다. 스쳐 지나가는 창가의 풍경이 전혀 눈에 들어오지 않았다.

오후 8시, 우여곡절 끝에 공항에 도착했다. 현재 내게 남아 있는 가능성이라곤 단 0.01%에 불과했지만, 그래도 나는 이 최악의 상황을 단번에 뒤집어줄 희박한 확률의 기적을 믿어야만 했다. 사람은 위기의 순간에 초인적인 능력을 발휘한

다는데, 나는 난생처음 와본 거대한 공항에서 단 몇 분 만에
항공사 카운터를 찾아내는 놀라운 탐지 능력을 발휘했다.
바로 앞에서 서류정리를 하는 여직원에게 재빨리 다가가 저
녁 비행기에 대하여 조심스럽게 물어봤다. '제발, 제발' 속으
로 수없이 기도했지만, 역시나 오늘 내 사전에 희망이라는
단어는 사라지고 없었다. 곧바로 확인사살 같은 답변이 화
살처럼 날라 와 그대로 내 마음에 날카로운 비수를 꽂았다.

"아니, 여태껏 뭐하다가 인제 와서 이러는 거야? 그러게 제
시간에 왔었어야지. 미안하지만 비행기는 이미 떠나고 없
어."

전혀 예상치 못한 일을 겪게 되니 판단이 흐려지며 어떻게
해야 할지 도무지 감이 서지 않았다. 한동안 자리에서 벗어
나지 못한 채 멍하니 제 자리만을 지키고 있었다. 비틀대는
걸음으로 가까이에 있는 의자에 앉아 몸을 기댔다. 정말 아
무 생각도 나지 않았다. 무의식적으로 핸드폰을 꺼내 들어
주변 사람들에게 현재의 내 심정을 담은 담담한 한 줄의 문
장을 전달했다.

"나 오늘 한국 못 간다."

여행을 에세이하다

로마 FCO 공항. 결국, 아무것도 해결하지 못한 채, 공항에서 노숙하는 신세가 되어버리고 말았다. 온몸을 감싼 추위에 못 이겨 공항 안에 있는 작은 교회로 피신했다. 안으로 들어서자마자 보이는 예수님의 십자가를 바라보며 간절함을 담아 정중히 기도했다.

'오늘 밤 당신의 성스러운 보금자리에 이 어린 양의 하룻밤을 허락해주세요.'

그렇게 염치없는 기도를 마치고 나서 중간쯤에 위치한 의자에 누워 몸을 맡겼다. '이제야 좀 편히 잘 수 있겠구나!'라고 생각했지만, 로마 투사로 빙의한 모기떼가 달려드는 바람에 결국 렘수면 상태로 밤을 지새우고 말았다.

아침이 밝아오자 곧바로 비행기 문제를 해결하기 위해 항공사 사무실로 부리나케 달려갔다. 아직 사무실 문은 굳게 잠겨있었고, 아무도 없는 듯했다. 차디찬 바닥에 쭈그려 앉아 누군가가 오기만을 애타게 기다리고 있는데, 갑자기 저 멀리서 또각대는 구둣발소리가 들려오며 끔뻑거리던 내 눈을 번쩍 뜨이게 하였다.

까칠하게 생긴 스튜어디스 한 명이 내 앞에 모습을 드러냈다. 크게 하품을 하며 무슨 일로 찾아왔냐는 그녀의 질문에 현재 처한 내 상황을 급박한 말투로 설명하며 도움을 요청했다. 그녀는 꽤 바쁜 모양인지, 내 말을 중간에 끊고는 메모지에 무언가를 적고 나서 나를 밖으로 내보냈다. 그녀가 그려준 약도를 따라 도착한 곳은 1층에 위치한 큰 인포메이션 창구였다. 스튜어디스가 말해준 것과 다르게 이곳 직원 역시 여기에선 아무런 도움을 줄 수 없다며 나를 다시 항공사 사무실로 돌려보내는 것이 아닌가? 이곳으로 가면 다시 저곳으로 보내고, 저곳으로 가면 또다시 이곳으로 보내는 상황이 연출됐다.

이렇게 맘고생 하며 시간을 허비할 바엔 차라리 나 혼자서 해결방법을 찾는 게 더 낫겠다는 판단을 내렸고, 중심가에서 동떨어진 곳으로 이동해 내가 처한 상황과 관련된 정보를 샅샅이 찾아봤다. 그러나 이 세상을 통틀어 비행기를 놓친 바보는 나 하나뿐인 듯했다. 비행기를 놓쳤을 때 대비한 정보는 정말 단 하나도 찾아볼 수 없었다. 모두 대사관으로 가라는 성의 없는 답변들뿐이었다. 불안감이 엄습해 왔다. 뭘 해도 안 되는 답답한 상황에 좌절해 고개를 푹 숙이고 있었는데, 바로 그때, 옆에서 누군가가 말을 걸어왔다.

"May I help you?"

고개를 들어 누군지 확인해보니, 가녀린 목소리와 어울리지 않는 큰 덩치의 흑인 여성이 눈앞에 서 있었다. 그녀는 공항 고객센터에서 일하는 직원인 '멜리나'라며 자신을 소개했고, 우연히 근무교대를 하러 가던 중, 머리를 감싸며 괴로워하고 있는 나를 발견하고 혹시나 하는 마음에 말을 걸어왔다고 한다. 그녀의 물음에 현재 처한 내 상황을 상세하게 설명해나갔다.

그녀는 고개를 몇 번 끄덕인 뒤, 이곳에 있으면 아무것도 해결할 수 없으니 우선 자신의 사무실로 함께 이동해서 방법을 찾아보자고 말했다. 그녀를 따라 들어간 곳은 제2터미널에 위치한 작은 사무실이었다. 안으로 들어가자마자 그녀는 곧바로 의자에 앉아 손가락을 바삐 움직이며 어딘가에 전화를 걸기 시작했다. 한 손엔 수화기를 들고, 다른 한 손으로는 걱정하지 말라는 제스처를 취하며 나를 안심시켰다. 불안함에 갈피를 못 잡던 마음도 든든한 그녀의 모습을 보고 있으니 점차 안정되어가는 것 같았다. 그러나 생각했던 것보다 문제는 심각했다. 대부분의 비행기 푯값이 최소 백만 원은 훌쩍 뛰어넘었고, 설령 운 좋게 저렴한 비행기 표를 찾았다고 해도 대략 2주 뒤에나 출발하는 비행기였기에 현실적으로 내겐 해당 사항이 없는 비행기나 마찬가지였다.

그녀의 노력이 빛을 발한 걸까? 잠시 후 그녀에게 한 통의 전화가 걸려왔다. 지친 얼굴로 전화를 받던 그녀의 입가가 점점 위로 상승하기 시작했고, 잠시 후 수화기를 내려놓은 그녀가 몸을 마구 들썩이며 이렇게 말했다.

"드디어 우리가 해냈어! 이틀 후에 출발하는 저렴한 비행기 표를 찾아냈어! 이제 너는 무사히 한국으로 돌아갈 수 있을 거야!"

그녀에게 조금이라도 보답하고자 하는 마음에서 갖고 있던 몇 장의 지폐와 포켓 커피를 꺼내어 살며시 건네줬다. 하지만 그녀는 이런 걸 바라며 도와준 게 아니라는 말을 하며 정중히 거절했고, 문제가 잘 해결 돼서 기쁘다는 말을 하며 내 손을 꽉 잡아주었다.

아마도 그녀는 런던에서 만났던 콜린과 마찬가지로 나를 도와주기 위해 하늘에서 내려온 천사가 아니었나 싶다. 여행 최대의 위기가 될 뻔한 하루였지만, 멜리나를 만나게 되면서 잊지 못할 좋은 추억으로 자리매김할 수 있었다. 멀어져가는 나를 바라보며 손을 흔들어 주는 그녀의 모습을 보고 또 한 번 감동에 겨운 울컥함이 올라왔었다.

여행병

여행을 끝내고 집으로 돌아온 이후 이상한 변화가 찾아왔
다. 여행 사진만 바라보면 멀쩡했던 가슴이 난데없이 쿵쾅
대기 시작했고. 감춰뒀던 추억을 여러 번 되새기면 이유 없
이 뜬눈으로 밤을 지새우는 일이 많아졌다.

너무 답답한 마음에 몇 년 전에 세계여행을 다녀온 선배에
게 이 증상에 대해 자세히 물어봤더니 그 선배 말로 '여행
병'에 걸린 거라고 했다.

그 말에 깊은 한숨을 내쉬었더니 갑자기 그 선배가 활짝 웃
더니 내 머리를 쓰다듬어주며 이런 말을 했다.
"축하해. 차라리 잘된 일이야. 이 병은 세상이 너에게 또 다
른 여행을 선물해주기 위해 보내는 무언의 신호거든. 너무
끙끙 앓을 필요 없어. 그저 이 병이 원하는 대로, 네 가슴이
시키는 대로, 또다시 세상을 여행하면서, 새로운 추억을 만
들어 나가면 되는 거야."

말을 들은 순간, 이 병이 평생 제 곁에 머물렀으면 좋겠다는
생각을 했다.

★

'끝'이라는 말을 싫어한다. 담담한 저 단어 안에는 이별, 마지막, 죽음, 작별같이 슬픔의 말들로 가득 차 있기 때문이다. 하지만 내 여행은 끝이 났다. 낯선 세상에 첫발을 내디딘 이후로 여행에 푹 빠져 2년이란 시간 동안 떠남과 머묾을 반복적으로 수행해왔다. 체력적인 부분, 금전적인 부분에서 꽤 큰 손실을 보긴 했지만, 세세하게 따져보면 실보다 득이 더 많은 여행이었다.

완벽한 여행이었다고 자신 있게 말하지는 못하겠다. 물론 여행이 내 인생에서 가장 중요한 대목을 장식해준 건 사실이지만, 정작 돌아와서 크게 변화된 느낌은 받지 못했고, 여행을 떠나게 된 이유이자 목적이었던 꿈마저도 끝끝내 발견하지 못했다. 그렇게 시간이 흘러 나는 다시 일상에 스며들었다.

여러 사람에게 그동안의 꿈만 같던 내 여행기를 들려줬다. 그리고 나서야 알게 되었다. 작은 바람에도 크게 흔들리던 내가 거센 바람에도 휘둘리지 않을 만큼 단단한 사람이 되었다는 것을. 화려함만을 좇아가던 내가 누군가에게는 본보기인 사람이 되었다는 것을. 그리고 꿈이라는 것이 애초에 정해져 있는 목표에 다가가는 것이 아니라 보이지 않는 도착지점을 향해 달려가는 과정에서 스스로가 발견해야 한다는 것임을.

세월이 흘러 나이에 숫자가 더해질수록, 앞으로 얻는 것만큼이나 잃는 것이 많아지겠지만, 적어도 지금처럼 소소하게 여행하는 일 만큼은 잃지 않고 오래 간직해 나갔으면 좋겠다. 세상 위에 남겨놓은 내 발자국이 흔적을 넘어 그곳의 일부분이 되었으면 좋겠다. 꿈은 많이 가질수록 좋다는 말처럼, 지금보다 더 많은 꿈을 꾸며 내가 추구하는 행복한 삶을 살았으면 좋겠다.

끝으로 책이 나오기까지 도와주셨던 모든 분께 감사하다는 말을 전하고 싶다. 당신이 있었기에, 그대들이 있었기에 그리고 여러분이 있었기에. 내 여행의 조각들이 하찮은 종이 모음이 아닌, 뜻깊은 추억의 묶음으로 탄생할 수 있었다.

노트 몇 권에 파묻혀있던 내 이야기를 세상에 소개할 수 있게 도움을 주신 리얼북스출판사, 낯선 세상에서 처음 만나 함께 여행하면서 책에 수많은 소재를 선물해준 모든 인연, 그리고 지금 이 글의 끝자락에서 내 이야기와 함께 아름다운 이별을 준비하고 있을 당신까지도.

★

여행을 에세이하다

펴낸날	초판1쇄 인쇄 2017년 05월 10일
	초판1쇄 발행 2017년 05월 18일
지은이	전윤탁
펴낸이	최병윤
펴낸곳	알비
출판등록	2013년 7월 24일 제315-2013-000042호
주소	서울시 마포구 동교로 18길 33, 202호
전화	02-334-4045
팩스	02-334-4046
이메일	sbdori@naver.com
종이	일문지업
인쇄.제본	알래스카 인디고

ⓒ전윤탁

ISBN   979-11-86173-05-3 13980

가격   13,000원

이 도서의 국립중앙도서관 출판예정도서목록(CIP)은 서지정보유통지원시스템
홈페이지(http://seoji.nl.go.kr)와 국가자료공동목록시스템(http://www.nl.go.kr/
kolisnet)에서 이용하실 수 있습니다.(CIP제어번호: CIP2017010981)